职业教育装配式建筑工程技术系列教材

装配式建筑施工技术

陈惜墨　林　格　主编
雷　震　主审

中国建筑工业出版社

图书在版编目（CIP）数据

装配式建筑施工技术 / 陈惜墨，林格主编. -- 北京：中国建筑工业出版社，2024.8. --（职业教育装配式建筑工程技术系列教材）. -- ISBN 978-7-112-30044-0

Ⅰ. TU3

中国国家版本馆 CIP 数据核字第 2024FQ2833 号

　　本教材是按"课证融通、赛训融合和岗位培训"的"岗赛课证"四位一体功能进行知识内容和技能训练的思路进行编写，注重内容与岗位工作的对接，分为8 个项目，内容包括：初识装配式建筑，预制柱生产与施工，预制墙生产与施工，预制梁生产与施工，预制叠合底板生产与施工，预制其他构件生产与施工，装配式建筑防水施工，装配式建筑现场智能管理。

　　本教材可作为高等职业院校装配式建筑工程技术专业学生的教材和教学参考书，也可作为建设类行业企业相关技术人员的学习用书。

　　为更好地支持本课程的教学，我们向使用本书的教师免费提供教学课件，有需要请与出版社联系，索要方式为：1. 邮箱 jckj@cabp.com.cn；2. 电话（010）58337285；3. 建工书院 http://edu.cabplink.com。

责任编辑：刘平平　李　阳
责任校对：赵　力

职业教育装配式建筑工程技术系列教材
装配式建筑施工技术
陈惜墨　林　格　主编
雷　震　主审

*

中国建筑工业出版社出版、发行（北京海淀三里河路 9 号）
各地新华书店、建筑书店经销
北京鸿文瀚海文化传媒有限公司制版
北京圣夫亚美印刷有限公司印刷

*

开本：787毫米×1092毫米　1/16　印张：14½　字数：357 千字
2024 年 8 月第一版　　2024 年 8 月第一次印刷
定价：45.00 元（赠教师课件）
ISBN 978-7-112-30044-0
（43100）

版权所有　翻印必究
如有内容及印装质量问题，请与本社读者服务中心联系
电话：(010) 58337283　　QQ：2885381756
（地址：北京海淀三里河路 9 号中国建筑工业出版社 604 室　邮政编码：100037）

前　言

住房和城乡建设部发布的《"十四五"建筑业发展规划》提出到2035年，以建设世界建造强国为目标，着力构建市场机制有效、质量安全可控、标准支撑有力、市场主体有活力的现代化建筑业发展体系。规划强调要加快智能建造与新型建筑工业化协同发展，推动建筑业转型升级，实现绿色低碳发展。智能建造与新型建筑工业化协同发展的政策体系和产业体系应基本建立，形成一批建筑产业互联网平台、建筑机器人标志性产品，并培育一批智能建造和装配式建筑产业基地。

关于装配式建筑，规划要求大力发展装配式建筑，构建其标准化设计和生产体系，推动生产和施工智能化升级，扩大标准化构件和部品部件的使用规模，以提高装配式建筑的综合效益。规划中明确提到，到2025年，装配式建筑占新建建筑的比例要达到30%以上。同时，还提出要完善不同建筑类型的装配式混凝土建筑结构体系，加大高性能混凝土、高强钢筋等新材料的应用。

在此背景下，我国建筑业正在寻求加速转型升级，数字化、工业化和智能化是将来的发展趋势。发展装配式建筑是建造方式的重大变革，也是推进建筑业转型升级的重要方式，有利于促进建筑业和信息化、工业化深度融合，实现建筑业的高质量发展。

本书所对应课程为装配式建筑工程技术和智能建造技术专业核心课，同时也是工程造价专业和建筑工程技术等专业的拓展课。本书是按"课证融通、赛训融合和岗位培训"的"岗赛课证"四位一体功能进行知识内容和技能训练的思路进行编写，注重内容与岗位工作的对接。

本书面向岗位主要有装配式建筑构件生产管理人员和装配式建筑施工员等技术和管理岗位，在这些岗位的工作需要掌握装配式混凝土结构构件制作、检验与安装，会进行相应的质量控制和安全管理。因此，本书根据课程与岗位对接情况，设置相应任务模块，整合相应知识点和技能点，为读者提供全面、实用的知识和技能。通过深入了解装配式建筑的生产流程、施工方法、质量管理和相关法规，读者可掌握该领域的核心技能，为从事相关领域的工作打下坚实基础。本书既能作为高职专业课程教学核心教材、中高职一体化相关专业课程教学教材和装配式建筑智能建造职业技能竞赛辅导用辅助教材；同时也可以作为"1＋X装配式建筑构件制作与生产"考证培训、智能建造工业化产业工人培训和装配式建筑施工员岗位证书考证学习辅导用教材。

本书由浙江安防职业技术学院陈惜墨、林格担任主编；浙江安防职业技术学院胡苗和刘毅杰，嘉兴南洋职业技术学院颜孙杰，泰顺县职业教育中心王远顺和温州市江楠建筑产业发展有限公司郑学奎担任副主编。

本书的数字资源丰富多样,既有配套精品课程提供系统的学习指导,又有相关操作视频和虚拟仿真动画提供直观的学习体验。这些资源相互补充、相互促进,为读者提供了一个全面、深入的学习平台。相信通过这些数字资源的辅助,读者能够更好地掌握书中的知识,提高学习效果。

由于编者水平有限,本书难免存在不足之处,恳请批评指正。

目　录

项目 1　初识装配式建筑 1
任务 1.1　装配式建筑的概念 2
任务 1.2　预制构件厂总体规划与工艺 8
任务 1.3　预制构件制作设备、模具及工具 13

项目 2　预制柱生产与施工 21
任务 2.1　预制柱生产 22
任务 2.2　预制柱吊装 26
任务 2.3　预制柱连接施工 41

项目 3　预制墙生产与施工 47
任务 3.1　预制墙生产 48
任务 3.2　预制墙吊装 56
任务 3.3　预制墙连接施工 69

项目 4　预制梁生产与施工 76
任务 4.1　预制梁生产 77
任务 4.2　预制梁吊装 82
任务 4.3　预制梁连接施工 91

项目 5　预制叠合底板生产与施工 102
任务 5.1　预制叠合底板生产 103
任务 5.2　预制叠合底板吊装 107
任务 5.3　预制叠合底板连接施工 118

项目 6　预制其他构件生产与施工 126
任务 6.1　预制其他构件生产 127
任务 6.2　预制阳台底板（空调板）吊装 131
任务 6.3　预制阳台板、空调板安装施工 138
任务 6.4　预制楼梯吊装 140
任务 6.5　预制楼梯安装施工 152

项目 7　装配式建筑防水施工 155
任务 7.1　认识防水材料 156
任务 7.2　外墙板缝防水 157
任务 7.3　防水施工质量检验 159

项目 8 装配式建筑现场智能管理 ··· 161
任务 8.1 预制构件的运输 ··· 162
任务 8.2 预制构件的存放 ··· 163
任务 8.3 施工现场管理 ··· 167

附录 装配式建筑实训操作图纸 ··· 198
附件一 装配式结构预制构件检验批质量验收记录表 ······················ 212
附件二 预制构件安装与连接检验批质量验收记录表 ······················ 216
附件三 构件装配班组岗位分工表 ·· 220
附件四 灌浆质量检验记录表 ··· 222

参考文献 ··· 223

项目 1

初识装配式建筑

Chapter 01

1. 初识装配式建筑

知识目标

1. 了解装配式建筑、装配式建筑的构件系统等整体性概念。
2. 熟悉预埋件、部品、部件等局部性概念。
3. 熟悉混凝土预制构件（PC 构件）生产线相关知识。
4. 掌握 PC 构件工厂选址原则及制约因素。
5. 掌握 PC 构件工厂总体规划内容。

能力目标

1. 能协助工程师对 PC 构件工厂进行选址。
2. 能协助工程师对 PC 构件工厂进行初步总体规划。
3. 能协助 PC 构件生产线生产厂家进行设备的选型和安装调试。

素质目标

1. 培养爱岗敬业的职业素养与严谨的专业精神。
2. 培养工程生产高效优质的质量意识。
3. 具备精益求精的专业精神。

导读

- **基本要求**

熟悉装配式建筑的基本知识，包括其概念、分类和生产线等相关知识。掌握 PC 构件工厂选址原则、制约因素及工厂总体规划内容，能协助工程师对 PC 构件工厂进行选址及初步总体规划，PC 构件生产线生产厂家进行设备的选型和安装调试。

- **重点**

装配式建筑的基本概念。

- **难点**

预制构件厂总体规划、预制构件生产工艺布置。

任务 1.1 装配式建筑的概念

装配式建筑是指建筑主要部分采用预制部品部件通过可靠连接方式建造的建筑，装配式建筑有两个主要特征：①构成建筑的主要构件特别是结构构件是预制的；②预制构件的连接方式必须可靠。按照国家标准《装配式混凝土建筑技术标准》GB/T 51231—2016（以下简称《装标》）的定义，装配式建筑是"结构系统、外围护系统、内装系统、设备与管线系统的主要部分采用预制部品部件集成的建筑"。该定义强调装配式建筑是 4 个系统（而不仅仅是结构系统）的主要部分采用预制部品部件集成。

1.1.1 装配式建筑的整体性概念

1. 装配式建筑

装配式建筑是以构件工厂预制化生产，现场装配式安装为模式，以标准化设计、工厂化生产、装配化施工、一体化装修和信息化管理为特征，整合研发设计、生产制造、现场装配等各个业务领域，实现建筑产品节能、环保、全周期价值最大化的可持续发展的新型建筑生产方式。

装配式建筑目前一般指装配整体式建筑，即用预制和现浇相结合的方法建造的钢筋混凝土建筑。这类建筑中的主要承重构件可分别采用预制或现浇的方法制作。主要的类型有现浇墙体或柱和预制楼板相结合的建筑等。这类建筑兼具装配和现浇建筑两个方面的优点。为保证其具有足够的刚度和整体性，应注意各预制构件和现浇部分的节点处的连接。与全装配式建筑相比较，它具有较好的整体性，但却增加了大量的湿作业。

2. 装配式建筑的构件系统

装配式建筑的预制构件按照组成建筑的构件特征和性能划分，主要包括以下几类：

（1）预制楼板：包括预制实心楼板、预制空心楼板、预制叠合板、预制阳台板等。
（2）预制梁：包括预制实心梁、预制叠合梁、预制 U 形梁等。
（3）预制墙：包括预制实心剪力墙、预制空心墙、预制叠合式剪力墙、预制内隔墙等。
（4）预制柱：包括预制实心柱、预制空心柱等。
（5）预制楼梯：包括预制楼梯段、预制休息平台。
（6）其他复杂异形构件：包括预制飘窗、预制带飘窗外墙、预制转角外墙、预制整体厨房和卫生间、预制空调板等。

根据工艺特征不同，还可以进一步细分，预制叠合楼板包括预制预应力叠合楼板、预制桁架钢筋叠合楼板、预制带肋预应力叠合楼板（PK 板）等；预制实心剪力墙包括预制钢筋套筒剪力墙、预制约束浆锚剪力墙、预制浆锚孔洞间接搭接剪力墙等；预制外墙从构造上又可分为预制普通外墙、预制夹芯三明治保温外墙等。总之，预制构件的表现形式是多样的，可以根据项目特点和要求灵活采用。这里展示几个常见的预制构件的图片：预制叠合楼板、预制剪力墙、预制楼梯、预制空调板，如图 1.1.1~图 1.1.4 所示。

3. 装配率

装配率是评价装配式建筑的重要指标，2017 年 12 月 12 日，住房和城乡建设部发布《装配式建筑评价标准》GB/T 51129—2017，将装配率作为装配化程度的唯一评价标准，

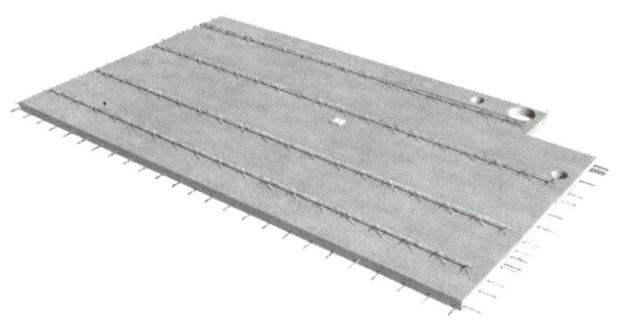

图1.1.1 预制叠合楼板

图1.1.2 预制剪力墙

图1.1.3 预制楼梯

图1.1.4 预制空调板

并给出了装配率的定义,同时,明确了计算公式。装配率是指单体建筑室外地坪以上的主体结构、围护墙和内隔墙、装修和设备管线等采用预制部品部件的综合比例。

4. 装配式建筑评价

当装配式建筑同时满足下列要求:主体结构部分的评价分值不低于 20 分,围护墙和内隔墙部分的评价分值不低于 10 分,采用全装修,装配率不低于 50%,且主体结构竖向构件中预制部品部件的应用比例不低于 35%时,可进行装配式建筑等级评价。

装配式建筑评价等级应划分为 A 级、AA 级、AAA 级,并应符合下列规定:
(1) 装配率为 60%~75%时,评价为 A 级装配式建筑;
(2) 装配率为 76%~90%时,评价为 AA 级装配式建筑;
(3) 装配率为 91%及以上时,评价为 AAA 级装配式建筑。

5. 建筑信息模型

建筑信息模型(BIM,全称为 Building Information Modeling)是以三维数字技术为基础,集成了建筑工程项目各种相关信息的工程数据模型。BIM 技术最大的特色在于建筑模型内所携带的大量信息。透过参数化的建模过程,将这些几何信息组构成参数组件,如墙、柱、梁、板等,而这些参数组件造就了 BIM 技术应用于装配式建筑领域内的多种可能性。装配式建筑在设计阶段的多专业整合,构件碰撞检查,生产阶段的二次深化设计,自动化生产,施工阶段的装配施工模拟,都可以通过 BIM 技术进行优化,缩短周期、节约成本、保证质量,提高项目管理水平。BIM 技术与装配式建筑的结合,是建筑行业信息化与工业化二化融合的具体表现。

6. 工程总承包

工程总承包模式即 EPC 总承包模式(全称为 Engineering Procurement Construction),是指受业主委托,按照合同约定对工程建设项目的设计、采购、施工、试运行等实行全过程或若干阶段的承包模式。EPC 与装配式建筑的结合,就是由承包商对装配式建筑的设计、生产、施工全过程进行全面承包。

由于装配式建筑在设计上有其独特性,尤其是不同的供应商的设计生产施工体系都各不相同,需要从设计阶段、生产阶段和施工阶段开始紧密配合,所以与传统的设计、制造、施工分离的承包模式相比,采用 EPC 总承包模式效率更高。

1.1.2 装配式建筑的局部性概念

1. 预埋件

预先安装在预制构件中起到保温,减重,吊装,连接,定位,锚固、通水、通电、通气,便于作业,防雷、防水以及装饰等作用的事物,都叫做预埋件。常用预埋件按用途分类如下:

(1) 结构连接件:连接构件与构件(钢筋与钢筋),或起到锚固作用的预埋件;
(2) 支模吊装件:便于现场支模、支撑、吊装的预埋件;
(3) 填充物:起到保温、减重,或填充预留缺口的预埋件;
(4) 水电暖通等功能件:通水、通电、通气或连接外部互动部件的预埋件;
(5) 其他功能件:利于防水、防雷、定位、安装等的预埋件。

2. 部品与部件

部品是由工厂生产构成外围护系统、设备与管线系统、内装系统的建筑单一产品或复合产品组装而成的功能单元的统称;部件是在工厂或现场预先生产制作完成,构成建筑结构系统的结构构件及其他构件的统称。部品与部件的概念是相对的,对于不同的划分层级,部品与部件所指的对象也不同,对于整个装配式建筑单体来说,某个装配式房间可称为整个建筑单体的装配式部品,如整体厨房、整体卫浴等,组成这个房间的预制楼板、预制墙板等则为这个房间的装配式部件;而对于这个装配式房间来说,预制楼板则作为装配式部品,其中的某个预埋件或某块预制品则称为装配式部件。

1.1.3 装配式建筑的分类

1. 按结构材料分类

装配式建筑按结构材料分类,有装配式钢结构建筑、装配式混凝土结构建筑、装配式轻钢结构建筑、装配式木结构建筑和装配式复合材料建筑(钢结构、轻钢结构与混凝土结构结合的装配式建筑)等。以上几种装配式建筑都是现代建筑,古典装配式建筑。按结构材料分类有装配式石材结构建筑和装配式木结构建筑。

2. 按建筑高度分类

装配式建筑按高度分类,有低层装配式建筑、多层装配式建筑、高层装配式建筑和超高层装配式建筑。

3. 按预制率分类

装配式建筑按预制率分类,有超高预制率(70%以上)、高预制率(50%~70%)、普通制率(20%~50%)、低预制率(5%~20%)和局部使用预制构件(0~5%)五种类型。

4. 按混凝土结构体系分类

装配式建筑包含的结构类型主要有装配整体式框架结构、装配整体式剪力墙结构、装配整体式框架-剪力墙结构、多层全装配式混凝土墙-板结构和装配式钢结构集成模块化体系等。

框架结构是由柱子、梁为主要构件组成的承受竖向和水平作用的结构。框架结构是空间刚性连接的杆系结构,其预制构件主要有预制柱、预制梁、预制楼板等。但由于框架结构的柱网尺寸较大,使预制柱、预制梁的质量过大。因此需根据运输道路情况、吊装条件、经济成本等多方面因素综合确定预制构件。

(1) 框架结构

装配整体式混凝土框架结构因其突出的特点和优势,是应用非常广泛的装配式结构体系,特别是在日本、欧美国家。日本更信任柔性抗震,尤其是混凝土框架结构经历了地震的考验,日本高层、超高层的建筑设计寿命大多数是100年或100年以上,房屋的土地又是永久产权,框架结构因为空间布局的灵活性,可以使不同时代、不同年龄段的居住者根据需要和喜好进行户内布置调整。日本住宅往往都是精装修,而且其框架结构都是较大跨结构普遍达到12m,凸梁凸柱的影响几乎不存在;框架结构的管线布置比较方便。从以上情形也可以略窥装配整体式混凝土框架结构的特点所在。

我国装配整体式混凝土框架结构主要用于学校、医院、办公楼、停车场、商场等多层或小高层的公共建筑,很少用在住宅中,其原因主要还是抗震的理念,凸梁凸柱损失实用面积、影响观瞻和不方便室内布置等。但随着隔震减震技术的提升和普及,住宅精装修的推广应用，装配整体式混凝土框架结构在住宅中的应用前景将非常广阔。

概括来讲，装配整体式混凝土框架结构固有优势和特点有以下几方面：①装配整体式混凝土框架结构等同现浇，而现浇混凝土框架结构传力途径清晰简洁，其计算分析理论比较成熟；②相比剪力墙结构，框架结构的梁、柱单元更加易于模数化、标准化和定型化，有利于统一的模具在工厂进行流水线制造；③装配式框架结构易于形成大空间，便于满足建筑功能和生产工艺的需要；④空间布置灵活，用户体验较为丰富，可以根据需求调整内部空间，水暖电等管线布置较为方便；⑤预制构件之间连接形式多样，连接节点较简单，种类较少，有利于在现场进行机械化、高效率吊装，构件连接的可靠性容易得到保证；⑥等同现浇的设计理念容易实现；装配式框架结构的单个构件质量较小、吊装方便，对现场起重设备的起重量要求不高；⑦可以根据具体情况制订预制方案，结合外墙板、内墙板、预制楼板及预制楼梯等应用，较容易实现高预制率。可以说，装配整体式混凝土框架结构在建筑工业化进程中，具有得天独厚的推广应用优势。但装配整体式混凝土框架结构最主要的问题是高度受到限制。按照我国现行规范，现浇混凝土框架结构，无抗震设计时最大建筑适用高度为70m，有抗震设计时根据抗震设防烈度不同，最大建筑高度为35～60m，而装配整体式混凝土框架结构的适用高度与现浇结构基本一致，只是在高烈度区8度（0.3g）地震设防时低了5m。

（2）剪力墙结构

剪力墙结构是由剪力墙组成的承受竖向和水平作用的结构。剪力墙和楼盖一起组成空间体系。剪力墙结构没有梁柱凸入室内空间的问题，但墙体的分布使空间受到限制，无法形成较大空间，因此多用于住宅、宿舍和旅馆等隔墙较多的建筑。就装配式而言，剪力墙结构具有十分明显的优势和适用性，目前我国采用装配式混凝土建筑多为混凝土剪力墙结构。在国内，装配整体式混凝土剪力墙结构的应用刚刚起步，因地产行业的盛行，该结构在实际住宅建筑中应用普遍，但相关的试验和研究却相对滞后。因此，无论是《装配式混凝土结构技术规程》JGJ 1—2014，还是《装配式混凝土建筑技术标准》GB/T 51231—2016对该体系的规范和要求都很谨慎，明确以等同现浇为原则，通过湿式连接的方式加强预制构件之间的连接，强化拼缝的构造措施，使结构性能达到与现浇结构基本相同的目标，同时基于现行的现浇混凝土规范从严控制。

装配整体式混凝土剪力墙结构主要预制构件包括全预制或叠合式的墙板、楼板、连梁、阳台板、空调板以及楼梯等，各构件间通过受力钢筋连接或现浇混凝土连接形成"等同现浇"的整体结构，有效地保证了结构的整体性能和抗震性能，其主要特点有：①将预制构件拆分成以板式构件为主、平板式构件较多，以适于流水线制作工艺，有利于实现自动化生产；②构件在工厂制作，比现浇质量更有保证，板式预制件模具成本相对较低；③装配整体式混凝土剪力墙结构可大大提高结构尺寸的精度和住宅的整体质量；④减少了模板和脚手架作业，提高了施工安全性；⑤外墙保温材料和结构材料复合一体工厂化生产，节能保温效果明显，保温系统的耐久性得到极大提高；⑥石材反打或者瓷砖反打，节省了干挂石材工艺的龙骨费用，也省去了外装修环节，缩短了工期，瓷砖的粘结力大大提高，减小了脱落率；⑦装配整体式混凝土剪力墙结构的构件通过标准化生产，土建和装修一体化设计，减少浪费；⑧户型标准化，模数协调，房屋使用面积相对较高，节约土地资源；⑨采用装配式建造，减少现场湿作业，降低施工噪声和粉尘污染，减少建筑垃圾和污水排放，

⑩剪力墙作为主要的竖向和水平受力构件，在对剪力墙板进行预制时，可以得到较高的预制率。

（3）框架-剪力墙结构

框架-剪力墙结构是由柱、梁和剪力墙共同承受竖向和水平作用的结构。在框架结构中增加了剪力墙，弥补了框架结构侧向位移较大的缺点，且只在部分位置设置剪力墙，保留了框架结构体系空间布置灵活的优点。因此，框架-剪力墙结构具有良好的适用性。

装配式框架-剪力墙结构是目前我国广泛应用的一种结构体系，在《装配式混凝土结构技术规程》JGJ 1—2014 中明确规定，考虑目前的基础研究，建议剪力墙采用现浇结构，以保证结构整体的抗震性能。因此，现阶段这种结构主要以装配整体式框架-现浇剪力墙结构（简称"装配式框架-现浇剪力墙结构"）为主。

装配式框架-现浇剪力墙结构体系中，框架柱全部或部分预制，剪力墙全部采用现浇。一般情况下，楼盖采用叠合板，梁采用预制，柱可以预制也可以现浇，剪力墙为现浇墙体，柱节点采用现浇。预制构件一般有墙（非剪力墙）、柱、梁、板、楼梯等。结构性能与现浇框架等同，整体结构使用高度与现浇的框架-剪力墙结构高度相同。装配式框架-现浇剪力墙结构既有框架结构布置灵活、使用方便的特点，又有较大的刚度和较强的抗震能力，因此被广泛用于高层建筑中。

当装配式框架-现浇剪力墙结构中框架柱也采用现浇时，即所有竖向受力构件现浇、水平构件叠合时，这种结构可参考传统现浇混凝土结构的相关标准和规范。由于该结构的可行性及可实施性较高，故被大规模应用。这种体系的优点在于未改变传统混凝土建筑的结构，适用于现浇混凝土相关的规范，抗震性能好，预制构件标准化程度较高，预制柱、梁构件和楼板构件均为水平构件，生产、运输效率较高。

（4）多层全装配式混凝土墙-板结构

多层全装配式混凝土墙-板结构是指全部的墙、板均采用预制构件，通过可靠的连接方式进行连接。这种结构中预制混凝土墙、板作为竖向承重及抗侧力构件，预制混凝土楼板作为楼盖，施工现场采用干式工法施工。多层全装配式混凝土墙-板结构的连接方式以盒式连接应用最多。盒式连接是通过预埋在墙板内伸出的预留螺纹钢筋或螺栓套筒与相邻墙板预埋连接盒子中的螺栓连接，之后在连接盒子内填充混凝土，主要用于多层建筑。我国多层全装配式混凝土墙-板结构是在高层装配整体式剪力墙结构基础上进行简化，并参照原行业标准《装配式大板居住建筑结构设计与施工规程》JGJ 1—1991 的相关节点构造，制订的一种主要用于多层建筑的装配式结构。该结构体系构造简单、施工方便、成本低，可在城镇地区多层住宅中推广使用。其预制墙板采用后浇混凝土湿连接，楼板采用叠合楼板，同样属于装配整体式结构类型。多层全装配式混凝土墙-板结构跨度总体较小，室内平面布置的灵活性较差，目前正在向大开间方向发展。

（5）装配式钢结构集成模块化体系

装配式钢结构集成模块化体系是一种标准化、工业化、模块化生产的新型房屋体系，以方钢、角钢、金属连接件为主体结构，围护体系采用模压成型插口式装饰一体盒板。主体框架通过螺栓连接，安拆快捷高效，可以像堆积木一样，通过自由拼装组合成各种不同的房屋类型。

装配式钢结构集成模块化体系的特点是：①符合国家当前推广装配式、发展钢结构建筑的方针政策；②这种体系单位面积自重轻，约为传统钢混结构的 1/3；③绿色环保，每个建筑模块均可整体拆卸循环使用；④现场施工周期短，约为传统建造方式的 30%，建模块适合海运、公路联运，可以和任何建筑外墙材料连接，包括玻璃幕墙、铝板幕墙等（生产能力强，可实现"在车间流水线上制造房子"的目标）；⑤建筑应用类型广，可定制设计建造，广泛应用于公寓、酒店、学生宿舍、商业办公楼等永久性建筑。

任务 1.2　预制构件厂总体规划与工艺

一个完整的预制厂应由办公区和生活区两部分组成，其中办公区包括接待室、会议室、内业室、外业室、试验室、财务室、材料室等；生活区包括伙房、餐厅、宿舍、娱乐室、健身室等。构件厂选址应充分考虑周围的交通环境（包括原材料进厂的运输及构件出厂运输），周围的水、电供应，垃圾外运，污水排放等各项因素。还需合理规划厂区内材料堆放区、构件堆放区、构件生产区，工作区及生活区的布局，满足标准化管理要求。

2. PC 构件生产流程

1.2.1　预制构件厂总体规划

1. 预制构件厂总体规划原则

（1）根据厂址所在地区的自然条件，结合生产、运输、环境保护、职业卫生与劳动安全、职工生活，以及电力、通信、热力、给排水、防洪和排涝等设施，经多方案综合比较后确定。

（2）在符合生产流程、操作要求和使用功能的前提下，建筑物、构筑物等设施应采用联合、集中、多层布置；应按工厂生产规模和功能分区，合理地确定通道宽度；厂区功能分区及建筑物、构筑物的外形宜规整。

（3）生产主要功能区域包括原材料储存、混凝土配料及搅拌、钢筋加工、构件生产、构件堆放和试验检测等，在总平面设计上，应做到合理衔接并符合生产流程要求。

（4）应以构件生产车间等主要设施为主进行布置。

（5）构件流水线生产车间宜条形布置。

（6）应根据工厂生产规模布置相适应的构件成品堆场。

（7）生产附属设施和生活服务设施应根据社会化服务原则统筹考虑。

（8）变电所及公用动力设施的布置，宜位于负荷中心。

（9）建筑物、构筑物之间及其与铁路、道路之间的防火间距，以及消防通道的设置，应符合《建筑设计防火规范》GB 50016—2014 等有关的规定。

（10）原材料物流的出入口以及接收、储存、转运、使用场所等应与办公和生活服务设施分离，易产生污染的设施不宜设在办公区和生活区。

（11）人流和物流的出入口设置应符合城市交通有关要求，实现人流和物流分离，避免运输货流与人流交叉。应方便原材料、产品运输车进出。尽量减少中间运输环节，保证物流顺畅、径路短捷、不折返、不交叉。

（12）应结合当地气象条件，使建筑物具有良好的朝向、采光和自然通风条件。

（13）分期建设应统一规划，近期工程应集中、紧凑、合理布置，并应与远期工程合理衔接。

2. 影响规划的因素

（1）项目选址的区域位置现状

① 场地竖向标高。合理地进行竖向设计，在满足使用的前提下尽可能节省土方工程量，可以有效降低土地平整的成本；同时，应考虑竖向设计是否会影响部分功能，或增加较大成本才能实现。

② 红线图内地块的尺寸及形状。两个厂区红线图内地域形状不同，将形成两种完全不同的规划风格。

（2）项目所在区域配套设施影响

① 水——生活用水、生产用水。

生活用水：必须符合饮用水标准，多采用市政供水管网。

生产用水：混凝土搅拌用水必须对其化验，符合搅拌用水标准，构件冲洗用水可以使用处理后的污水。

② 电——PC 厂用电总功率一般不低于 800kVA，所以，在建厂选址过程中应注意是否需要单独增容设线，此项对建设过程中实际操作及投资额均有影响。

③ 气——目前，环保审批在项目立项及手续办理中涉及锅炉项目，一般在燃烧介质上必须使用油或气等洁净能源，从综合成本上考虑，燃气锅炉较为经济。

④ 暖——目前，按相关政策要求，办公及生活供暖多采用联网集中供暖。车间是否采暖将与生产相关，所以推荐使用蒸汽锅炉自供暖。

⑤ 汽——集中供暖无法满足生产用蒸汽使用要求，一般需自建蒸汽锅炉。

上述各种配套设施若单独建设，既影响工期，又需增大资本投入，所以建议选址时予以考虑。

（3）工业用地指标规定

《工业项目建设用地控制指标》对固定资产投资强度、容积率、建筑系数、行政办公及生活服务设施用地所占比重进行了相关规定。

① 建筑系数：项目用地范围内各种建筑物、用于生产和直接为生产服务的构筑物占地面积总和占总用地面积的比例不应低于 30%。

② 行政办公及生活服务设施用地所占比重：工业项目所需行政办公及生活服务设施用地面积不得超过工业项目总用地面积的 7%。

③ 绿地率：工业企业内部一般不得安排绿地。但因生产工艺等特殊要求需要定比例绿地的，绿地率不得超过 20%。

1.2.2 预制构件生产工艺布置

预制构件制作工厂一般分为固定工厂和移动工厂，固定工厂是在某一固定地点进行生产；移动工厂则根据需要在施工现场附近建厂生产。预制构件的生产工艺一般有固定台座法和自动化生产线两大类。

生产预制构件的企业应具备满足生产规模的场地、生产工艺及设备等资源，并优先采用先进、高效的技术与设备。设施与设备操作人员必须进行职业技术培训，熟悉所使用设备设施的性能、结构和技术规范，掌握其操作办法、安全技术规程和保养方法。

不管采用何种方式，生产预制混凝土构件的工厂必须满足设计和施工的各种质量要求，并具有相应的生产和质量管理能力。在进行设施布置时，需要做到整体优化，充分利用场地和空间，减少场地内材料及构配件的搬运调配。

生产组织方式是指预制构件生产企业根据生产场地条件、生产构件类型以及生产规模等，选择合适的制作方法。

预制构件生产企业通常根据市场需求规模和产品类型，结合自身生产条件，选择一种或多种方法组织生产。

1. 固定台座法

固定台座法一般包括固定模台工艺、立模工艺和预应力工艺等（图1.2.1）。

图1.2.1 固定台座法

（1）固定模台工艺（图1.2.2）

固定模台是将一块平整度较高的钢结构平台作为PC构件的底模，在其上固定构件侧模，以组合成完整的模具。固定模台工艺也被称为平模工艺。固定模台的模具是固定不动

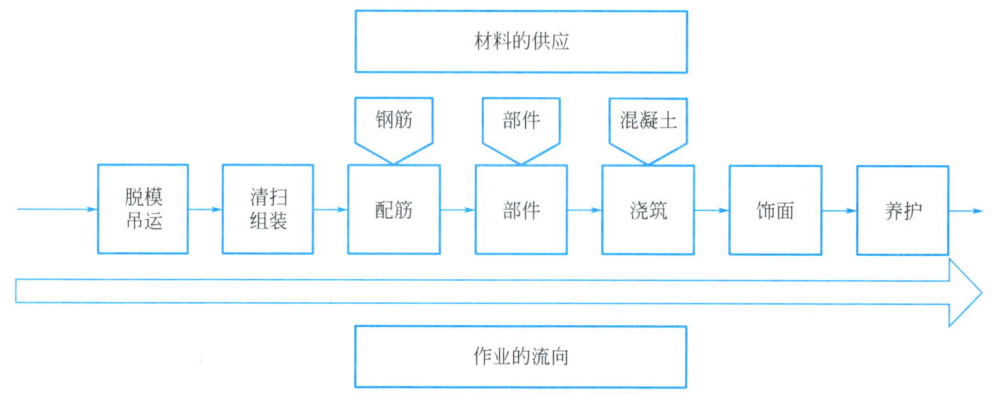

图1.2.2 固定模台作业流水示意图

的，作业人员和钢筋、混凝土等材料在各个模台间"流动"。绑扎或焊接好的钢筋用吊车送到各个固定模台处；混凝土用送料车或送料吊斗送到模台处；养护蒸汽管道从各个模台下通过，在计算机的控制下调控养护温度及其升降速率；PC构件就地养护，达到强度后脱模，再用吊车送到存放区。

固定模台工艺是目前世界上PC构件制作领域应用最广泛的工艺，常见的预制构件都可以生产，例如预制柱、梁、楼板、墙板、楼梯、飘窗、阳台板、转角构件及后张法预应力构件等。它的优势是适用范围广、灵活方便、适应性强、启动资金少、加工工艺灵活；劣势是效率较低，适用于复杂构件的制作。

（2）立模工艺

立模工艺又称立模法，是指构件在板面竖立状态下成型密实，与板面接触的模板面相应也呈竖立状态放置的板型构件生产工艺。

成型模台在工作通道上完成预设的各种功能成型工艺动作，之后进入地下养护通道，进行可控养护，按计划养护完成后，升至地面，提取合格部品后进行生产线再循环。

立模有独立立模和组合立模。一个立着浇筑柱子或侧立浇筑楼梯板的模具属于独立立模。立模通常成组使用，称为组合立模，可同时生产多块构件。成组浇筑的墙板模具属于组合立模。

成组立模法生产技术的特点如下：

① 成型精度高。相邻模板之间的空腔即成型板材的模腔，板材的两个表面均为模板面，控制好模板的刚度和成组立模的制造精度即可保证模板的成型精度。板材尺寸的准确性受人为因素影响较小。

② 对材料的适应性强。可采用多种无机胶凝材料与各种材料匹配，以生产具备不同性能、特点的板材。

③ 可生产多种结构形式的板材，如实心板、多孔板及各类夹芯式复合板。

④ 工艺稳定性好。用料浆浇筑成型，在满足板材性能要求的前提下，料浆的流动度可在一定范围内进行调整。多块板材集中浇灌，便于生产操作和混合料运输的机械化。

⑤ 生产效率高。成型后的板材处在近乎封闭的条件下，可充分利用胶凝材料的水化热进行自身养护，或者采用电热模板对板材进行加热养护，以加快模型周转，提高生产效率。

⑥ 生产线占用土地少。生产规模相同时，成组立模占用的土地面积更小。

立模工艺的特点是模板垂直使用并具有多种功能。模板基本是一个箱体，箱体腔内可通入蒸汽，并装有振动设备，可分层振动成型。与平模工艺相比，立模工艺可节约生产用地，生产效率相对较高，而且构件的两个表面同样平整，通常用于生产外形比较简单但要求两面平整的构件，如内墙板、楼梯段等。

立模工艺适用于无装饰面层、无门窗洞口的墙板、清水混凝土柱子和楼梯等的生产，其最大优势是节约用地。采用立模工艺制作的构件，立面没有抹压面，脱模后不需要翻转立模，不适合楼板、梁、夹芯保温板、装饰一体化板的制作，也不适合侧边出筋等复杂的剪力墙板的制作。

（3）预应力工艺

预应力工艺分为先张法工艺和后张法工艺。

① 先张法工艺一般用于制作大跨度预应力混凝土楼板、预应力叠合楼板或预应力空心楼板。先张法工艺是在固定的钢筋张拉台上制作构件。钢筋张拉台是一个长条平台，两端是钢筋张拉设备和固定端，钢筋张拉后在长条台上浇筑混凝土，构件养护达到要求强度后，拆卸边模和肋模，然后卸载，切割预应力楼板。

② 后张法工艺主要用于制作预应力梁或预应力叠合梁，其工艺方法与固定模台工艺接近，构件预留预应力钢筋（或钢绞线）孔，钢筋张拉在构件达到要求强度后进行。

2. 自动化生产线工艺（图 1.2.3、图 1.2.4）

自动化生产线工艺是指在工业生产中，依靠各种机械设备并充分利用能源和通信方式完成工业化生产的方式。它能提高生产效率，减少生产人员数量，使工厂实现有序管理。预制构件自动化生产线是指按生产工艺流程分为若干工位的环形流水线，工艺设备和工人都固定在工位上，制品和模具则按流水线节奏移动，使预制构件依靠专业自动化设备实现有序生产。在大批量生产中，采用自动化生产线能提高劳动生产率，稳定和提高产品质量，改善劳动条件，缩减生产占地面积，降低生产成本，缩短生产周期，保持生产均衡性，具有显著的经济效益。

图 1.2.3 流动模台法

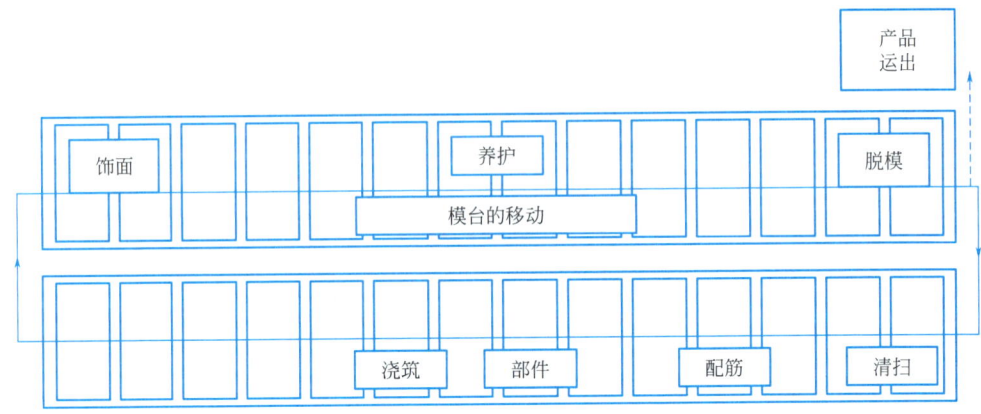

图 1.2.4 流动模台法作业流水示意图

自动化生产线采用高精度、高结构强度的成型模具，经自动布料系统把混凝土浇筑其中，在振动工位振捣后送入立体养护窑进行蒸汽养护。构件强度达到拆模强度时，从养护窑取出模台，进至脱模工位进行脱模处理。脱模后的构件经运输平台运至堆放场继续进行自然养护。空模台沿线自动返回，为下一道生产工序做准备。在模台返回输送线上设置了自动清理机、画线机、放置钢筋骨架或桁架筋安装、检测等工位，实现了自动化控制循环流水作业。

任务 1.3　预制构件制作设备、模具及工具

1.3.1　预制构件制作设备

预制构件工业化就是将预制构件用工业生产的模式制造出来。这个过程所使用的设备品种繁多，从功能上主要分为混凝土加工设备、混凝土运送设备、预制构件流水线生产设备、养护窑、钢筋加工设备以及物流运输、起重设备等几类。预制构件流水线生产设备是PC工厂最重要、也是最关键的一部分，虽然各公司生产设备配置稍有区别，但大多包含布料机、送料斗、翻转式送料车、刮平机、液压翻转台、液压转运车、钢轨轮输送线和养护窑等主要生产设备。

1. 布料机

布料机用于混凝土浇捣作业。将搅拌完成的混凝土均匀浇筑到钢台车上的PC模具中，然后经过振动平台的高频振动，消除PC里面的空隙，确保了PC构件的密实度及上表面的平整度。布料机主要由布料系统和振捣系统两部分组成，其中布料系统将搅拌完成的混凝土均匀浇筑到已准备好的PC模具里；振捣系统将浇筑了混凝土的PC模具进行振捣，消除空隙，使PC密实度和平整度达到设计要求（图1.3.1）。

图1.3.1　布料机

(1) 布料系统

布料系统由摊料螺旋、布料螺旋、行走机构、卸料机构组成。初步搅拌的混凝土由送料斗送至布料斗，布料斗中的摊料螺旋和布料螺旋相对方向旋转，对混凝土进行再次搅拌，有效防止混凝土结块。通过布料斗上的行走机构及气动布料阀完成布料作业。

(2) 振捣系统

振捣系统由振动平台、液压系统和送板机构组成。送板机构与钢轨轮输送线配合使用，将装配有 PC 模具的钢台车送到布料工位，由液压升降装置将钢台车降至振动平台上并通过夹紧装置使钢台车与振动平台紧贴。布料作业完成后，开启振动电机进行振动作业，振动结束后松开夹紧装置，通过液压升降装置顶起钢台车至流水线输送高度，由送板机构将钢台车送离布料工位。

振动平台由 4~6 个小型振动台构成，每个振动台配有 4 台附着式平板振动器。可根据混凝土的坍落度、骨料大小和保温材料的填充情况对每个振动台振动器的开启数量进行适当调整，以达到最佳的振捣效果。注意，必须保证钢台车在下降限位和夹紧的状态下才能启动振动器，同时为了防止保温材料的不正常上浮，振动时间不宜过长。

2. 送料斗

送料斗用于工厂 PC 生产线上的混凝土输送，将搅拌完成的混凝土从搅拌站转运到布料机。送料斗由行走驱动机构、舱门机构、振动机构组成（图 1.3.2）。

图 1.3.2　送料斗

3. 翻转式送料车

翻转式送料车用于工厂 PC 生产线上的混凝土输送，将搅拌完成的混凝土从搅拌站运送到布料机上。环形轨道送料控制系统采用"一主多从"的控制模式，由操作人员在控制室控制多台翻转式送料车在环形轨道上运行，最终实现将搅拌站的混凝土输送给多台布料机的目的。

4. 刮平机

刮平机用于 PC 生产线墙板刮平工序。刮刀横跨在墙板上表面，行走机构带着刮刀对墙板进行刮平作业。刮平机由行走机构、升降机构、刮平机构组成。工作时，由升降机构将刮刀降到 PC 构件表面，并开启振动电机。

5. 液压翻转台

液压翻转台用于工厂 PC 生产线上的墙板成品拆模吊装作业。PC 墙板构件在经过养护窑充分养护后送到翻转工位，操作人员在拆除边模后由翻转台将钢台车整体翻转一个角度（与地面夹角为 80°~85°），然后由行车将墙板垂直吊离钢台车，并放置到附近的存放架上。

6. 液压转运车

液压转运车是用来在工厂内转运墙板的设备。当墙板脱模后，用行车将其一块块摆放在整体起吊架并固定，墙板总重不可超过 45t，重心应尽可能靠近整体起吊架中心。液压转运车包括 1 辆大车、2 辆小车、液压系统、低压轨道、电气控制柜、4 个工位架等。

PC 板到翻转台拆模后，由行车吊到 PC 板整体运输架，依次摆放并固定。当 PC 板装满整体运输架后，液压转运车由地面轨道运行至工位架，由接近开关检测其位置，当工位架轨道和小车轨道对齐时，大车停止，2 辆小车同时从大车上沿着小车轨道和转运工位架轨道横向运行，由接近开关控制小车在转运工位架适当位置停止，由 4 支顶起油缸托起满载的 PC 板整体运输架，然后沿轨道回到大车，油缸缩回，将整体运输工装放到大车上，然后液压转运车载着满载的 PC 板整体运输工装，沿地面轨道将其运送至成品堆放区。

7. 钢轨轮输送线

钢轨轮输送线是 PC 生产线的纽带，它贯穿了 PC 构件生产的装模、浇捣、刮平、养护、拆模、吊装等各个工序，使之紧密衔接在一起，大大提高了 PC 构件的生产效率。

钢轨轮输送线将依次经过装模、布料、振捣、刮平等工序的 PC 构件送到养护室进行养护，然后将养护完成的 PC 构件从养护室取出，再送到翻转台工位进行脱模和吊装，再将台车送到装模工位进行装模。如此往复，使钢台车循环使用，完成 PC 构件生产的流水作业。

8. 养护窑（图 1.3.3）

混凝土构件在养护窑中存放，经过静置、升温、恒温和降温几个阶段，最终达到强度

图 1.3.3　养护窑

要求。蒸汽养护需严格按照蒸汽养护操作规程进行,严格控制预养时间,预养时间为2~6h;开启蒸汽,使养护窑内的温度缓慢上升,升温阶段应控制升温速度不超过20℃/h;恒温阶段的最高温度不应超过70℃,夹芯保温板最高养护温度不宜超过60℃,梁、柱等较厚的预制构件最高养护温度宜控制在40℃以内,楼板、墙板等较薄的构件最高养护温度宜控制在60℃以内,恒温持续时间不少于4h。逐渐关小直至关闭蒸汽阀门,使养护窑内的温度缓慢下降,降温阶段应控制降温速度不超过20℃/h。预制构件出养护窑时,其表面温度与环境温度差值不应超过25℃。

1.3.2 预制构件制作模具

现有的模具体系可分为独立式模具和大模台式模具(即模台可公用,只加工侧模)。独立式模具用钢量较大,适用于构件类型较单一且重复次数多的项目。大模台式模具只需制作侧边模具,底模还可以在其他工程上重复使用。

主要模具类型:梁模、柱模、叠合楼板模具、阳台板模具、楼梯模具、内墙板模具和外墙板模具等。

1. 模具使用要求

(1) 编号要点:由于每套模具被分解得较零碎,需按顺序统一编号,防止错用。

(2) 组装要点:边模上的连接螺栓和定位销一个都不能少,必须紧固到位。为了构件脱模时边模顺利拆卸,防漏浆的部件必须安装到位。

(3) 吊模等工装的拆除要点:在预制构件蒸汽养护之前,应把吊模和防漏浆的部件拆除。选择此时拆除的原因为吊模好拆卸,在流水线上,不占用上部空间,可降低蒸养窑的层高;混凝土几乎还没有强度,防漏浆的部件很容易拆除,若等到脱模时,混凝土的强度已达到20MPa左右,防漏浆部件、混凝土和边模会紧紧地粘在一起,极难拆除。因此,防漏浆部件必须在蒸汽养护之前拆掉。

(4) 模具的拆除要点:当构件脱模时,首先将边模上的螺栓和定位销全部拆卸掉,为了保证模具的使用寿命,禁止使用大锤。拆卸的工具宜为皮锤、羊角锤、小撬棍等工具。

(5) 模具的养护要点:在模具暂时不使用时,需在模具上涂刷一层机油,防止腐蚀。

2. 模具安装注意事项

(1) 模具到厂定位后的精度必须复测,试生产实物预制构件的各项检测指标均在标准的允许公差内,方可投入正常生产。

(2) 侧模和底模应具有足够的刚度、强度和稳定性,并符合构件精度要求。

(3) 侧模和底模的材料宜选用钢材,面板主材选用Q235钢板。

(4) 预制构件宜预留与模板连接用的孔洞、螺栓,预留位置应与模板模数相符并便于模板安装。

(5) 预制构件接缝处模板宜选用定型模板,并与预制构件可靠连接,模板安装应牢固,且模板拼缝应严密、平整、不漏浆。

(6) 模具与底模固定方式分为定位销加螺栓固定方式和磁力盒固定方式。当采用磁力盒固定模具时,应选择符合模具特征和生产厂规定的磁力盒规格及布置要求。

(7) 预制混凝土构件在钢筋骨架入模前,应在模具表面均匀涂抹隔离剂。宜选用水性隔离剂,严禁隔离剂污染钢筋与混凝土接槎处。

(8) 模具每次使用后，应清理干净，和混凝土接触部分不得留有水泥浆和混凝土残渣。

1.3.3 常用工具

1. 横吊梁

横吊梁俗称铁扁担、扁担梁，常用于梁、柱、墙板、叠合板等构件的吊装。用横吊梁吊运部品构件时，可以防止因起吊受力不均而对构件造成破坏，便于构件的安装、校正。常用的横吊梁有框架式吊梁、单根吊梁（图1.3.4）。

2. 吊索

通常，吊索是由钢丝绳或铁链制成的，因此，钢丝绳或铁链的允许拉力即为吊索的允许拉力，在使用时，其拉力不应超过其允许拉力（图1.3.5）。

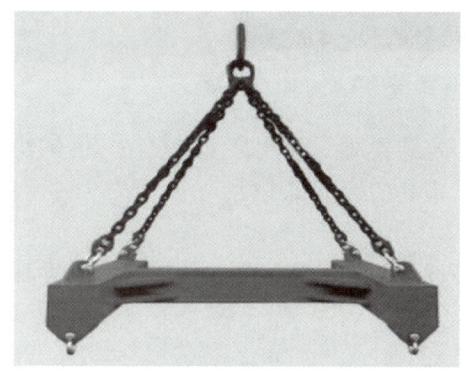

图1.3.4 横吊梁

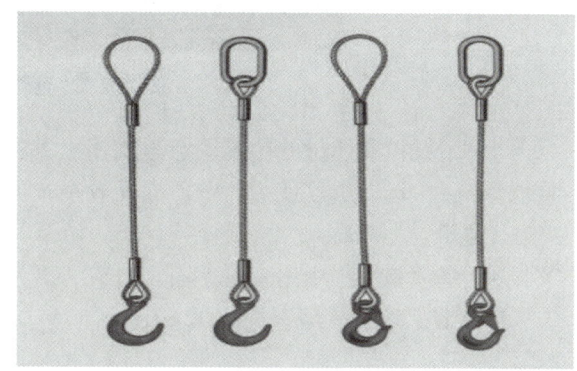

图1.3.5 吊索

3. 新型接驳器

用于连接新型吊点的接驳器包括各种用于圆头吊钉、套筒吊钉、平板吊钉的接驳器。它们具有接驳快速、使用安全等特点（图1.3.6）。

图1.3.6 新型接驳器

4. 磁性固定装置

磁性固定装置主要包括边模固定磁盒及其连接附件、磁力边模、磁性倒角条以及各种预埋件固定磁座（图1.3.7）。

图 1.3.7 磁性固定装置

与采用螺栓和螺母的传统固定方式相比,磁性固定装置对平台没有任何损伤,拆卸快捷方便,磁盒可以重复使用,不但提高效率,也具有很高的经济实用性。

5. 夹具

夹具是预制过程中用来迅速固定边模、支架或预埋件并准确定位的装置。常用的夹具有 U 形夹具、大力钳等(图 1.3.8)。

图 1.3.8 夹具

1.3.4 任务训练

装配式建筑是建筑行业生产方式的重大变革,也是实现绿色建造,落实碳达峰、碳中和目标的重要途径。2016 年国务院《关于大力发展装配式建筑的指导意见》明确提出"力争用 10 年左右的时间,使装配式建筑占新建建筑面积的比例达到 30%"。通过调研装配式建筑行业和企业,认知装配式建筑企业、特点、结构体系等;收集我国有关装配式建筑政策文件,认知国家和当地政府对装配式建筑的政策要求;收集我国典型装配式建筑项目,认知装配式建筑在我国发展的现状,完成调研报告单(表 1.3.1)。

项目 1　初识装配式建筑

调研报告单　　　　　　　　　　　　　　　　　表 1.3.1

班级		组号		日期	

调研任务：调研装配式建筑行业和企业，收集我国有关装配式建筑政策文件、标准文件和企业对人才的需求，完成装配式建筑市场调研报告

调研报告：

　　列举近 5 年国家和所在地区出台的关于装配式建筑的政策文件，并将相关文件信息填入表 1.3.2 中。

装配式建筑政策文件汇总表　　　　　　　　　表 1.3.2

序号	时间	发布单位	文件名称	重点内容

　　列举近 5 年国家和所在地区出台的关于装配式建筑的标准类文件，并将相关文件信息填入表 1.3.3 中。

装配式建筑标准类文件汇总表　　　　　　　　表 1.3.3

序号	时间	发布单位	文件名称

　　调研装配式建筑施工企业或预制构件生产厂商，收集企业对装配式建筑人才的需求，并填入表 1.3.4 中。

企业调研信息表 表 1.3.4

序号	企业名称	提供岗位	素质与能力要求

最后根据搜集的信息编写装配式建筑市场调研报告（用 A4 纸打印并上交），并分组汇报调研成果。

项目 2 预制柱生产与施工

知识目标

1. 识读装配式预制构件混凝土柱制作施工图。
2. 熟悉使用工具及设备。
3. 熟悉装配式预制构件混凝土柱施工工序与制作要点。
4. 了解预制混凝土柱质量验收要点。

能力目标

1. 掌握预制混凝土柱模具拼装、钢筋骨架制作与安装、预埋件安装、混凝土浇筑方法。
2. 掌握预制混凝土柱吊装和连接施工操作要点。
3. 掌握预制混凝土梁质量验收要点。

素质目标

1. 培养爱岗敬业的职业素养与严谨的专业精神。
2. 培养工程生产高效优质的质量意识。
3. 具备精益求精的专业精神。

导读

- **基本要求**

熟悉预制柱的基本知识,包括其定义、分类、应用范围和生产施工流程。掌握生产工艺,如原材料选择、模具设计、钢筋加工、混凝土制备及养护等环节。同时,精通施工技术,包括基础处理、模板和钢筋安装、混凝土浇筑及养护等步骤。确保预制柱质量可靠,满足工程需求。

- **重点**

钢筋加工、模板和钢筋安装、预制柱吊装、灌浆施工、混凝土浇筑及养护。

- **难点**

预制柱吊装、灌浆施工、混凝土浇筑及养护。

任务 2.1 预制柱生产

在预制柱的制作过程中，根据场地条件、构件的尺寸、实际需要等情况，分别采取流动模台法或固定模台法预制生产，并且所用生产设备应符合相关行业技术标准要求。构件生产企业应依据构件制作图进行预制构件的制作，并应根据预制构件型号、形状、重量等特点制订相应的工艺流程，明确质量要求和生产各阶段质量控制要点，编制完整的构件制作计划书，对预制构件生产全过程进行质量管理和计划管理。

3. 预制柱构件制作

2.1.1 预制柱生产工艺流程（图2.1.1）

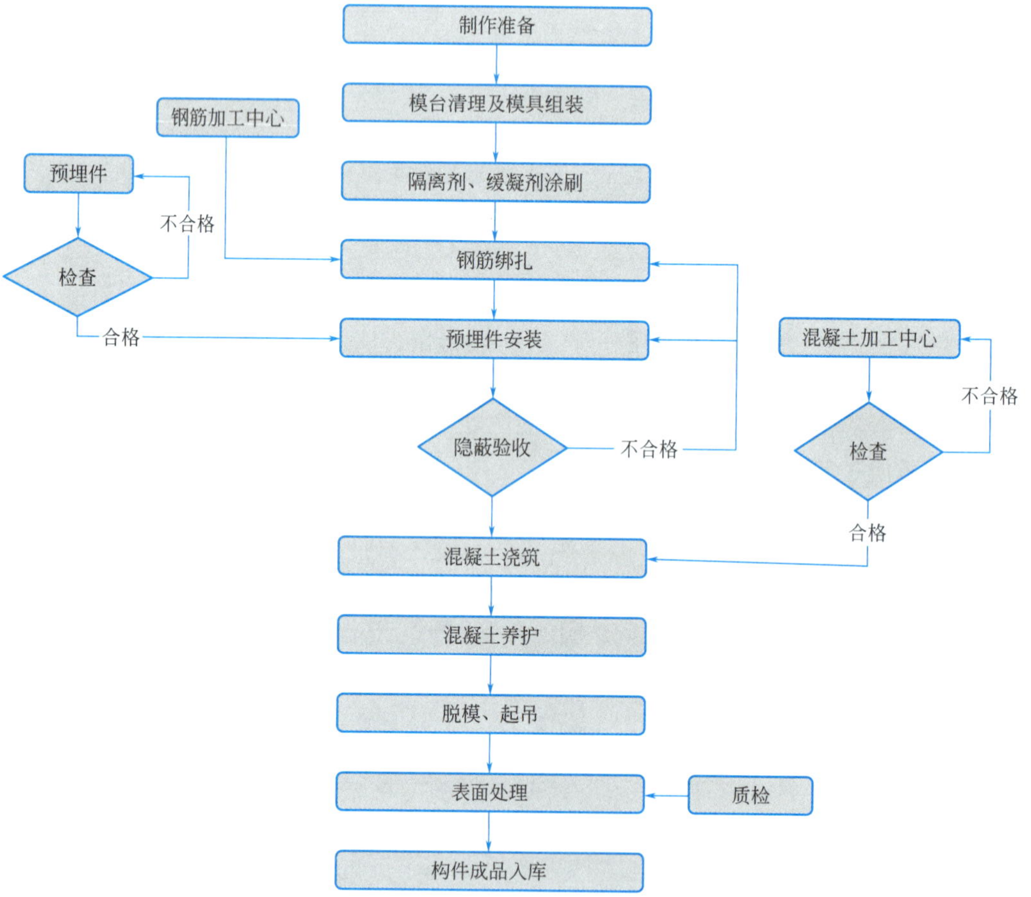

图 2.1.1 预制柱生产工艺流程图

2.1.2 预制柱制作准备

预制构件模具除应满足承载力、刚度和整体稳定性要求外，还应满足预制构件质量、生产工艺、模具组装与拆卸、周转次数等要求；应满足预制构件预留孔洞、插筋、预埋件的安装定位要求。

2.1.3 预制柱模具组装

对操作模台进行清理，预制柱按照组装顺序进行，先组装三面侧模（图2.1.2）。模具拼装时，模板接触面平整度、板面弯曲、拼装缝隙、几何尺寸等应满足相关设计的要求。预制柱侧面模具拼装应连接牢固、缝隙严密，拼装时，应进行表面清洗并涂刷水性或蜡质隔离剂，接触面不应有划痕、锈渍和氧化层脱落等现象，预制柱柱头及柱脚模具表面应涂刷缓凝剂。

图2.1.2 预制柱模具组装

2.1.4 预制柱钢筋骨架安装及验收

钢筋骨架和预埋件必须严格按照构件加工图及下料单要求制作。柱纵向钢筋（带灌浆套筒）及需要套螺纹的钢筋不得使用切断机下料，必须保证钢筋两端平整，套螺纹长度、螺纹距及角度必须严格按照图纸设计要求。

预制柱钢筋骨架应满足构件设计图纸要求，宜采用专用钢筋定位件，钢筋骨架尺寸应准确，骨架吊装时应采用多吊点的专用吊架，防止骨架产生变形。保护层垫块宜采用塑料类垫块，且应与钢筋骨架绑扎牢固；垫块按梅花状布置，间距应满足钢筋限位及控制变形的要求（图2.1.3）。钢筋骨架入模时应平直、无损伤，表面不得有油污或者锈蚀。应按构件图纸安装好钢筋连接套管、灌浆套筒连接件、预埋件。预制柱表面的预埋件、螺栓孔和预留孔洞应按构件模板图进行配置，应满足预制构件吊装、制作工况下的安全性、耐久性和稳定性。

图2.1.3 预制柱钢筋骨架安装

2.1.5 预制柱混凝土浇筑

在混凝土浇筑前应进行预制柱的隐蔽工程检查，检查项目应包括下列内容：钢筋的牌号、规格、数量、位置、间距等；预制柱纵向受力钢筋的连接方式、接头位置、接头质量、接头面积百分率、浆锚搭接长度等；箍筋、横向钢筋的牌号、规格、数量、位置、间距、箍筋弯钩的弯折角度及平直段长度；预埋件、吊环、插筋的规格、数量、位置等；灌浆套筒、预留孔洞的规格、数量、位置等；钢筋的混凝土保护层厚度；预埋管线、线盒的规格、数量、位置及固定措施。

按照生产计划确定混凝土用量并搅拌混凝土，混凝土浇筑过程中注意对钢筋骨架及埋件的保护，浇筑厚度使用专门的工具测量，严格控制，振捣后应当至少进行一次抹压。构件浇筑完成后采用拉毛收光机或人工抹面进行一次收光抹面，收光抹面过程中应当检查外露的钢筋及预埋件，并按照要求调整。浇筑时，洒落的混凝土应当及时清理。浇筑过程中，应采用插入式振捣棒充分有效振捣，避免出现漏振造成的蜂窝、麻面现象。浇筑时，按照试验室要求预留试块。

2.1.6 预制柱混凝土的养护

混凝土养护可采用覆盖浇水和塑料薄膜覆盖的自然养护、化学保护膜养护和蒸汽养护方法。预制柱体积较大，宜采用自然养护方式。预制柱采用加热养护时，应制订相应的养护制度，预养时间宜为 1～3h，升温速率应为 10～20℃/h，降温速率不应大于 10℃/h。预制柱为较厚构件，养护温度为 40℃，持续养护时间应不小于 4h。构件脱模后，当混凝土表面温度和环境温差较大时，应立即覆膜养护。

2.1.7 预制柱脱模与表面修补

预制柱蒸汽养护后，蒸养罩内外温差小于 20℃时方可进行拆模作业。预制柱拆模应严格按照顺序拆除模具，不得使用振动方式拆模。构件拆模时，应仔细检查，确认构件与模具之间的连接部分完全拆除后方可起吊。预制构件拆模起吊前，应根据设计要求或具体生产条件确定所需的混凝土标准立方体抗压强度，脱模混凝土强度应不小于 15MPa。预制柱起吊时，混凝土强度不应小于 30MPa；对于预应力预制构件及拆模后需要移动的预制构件，拆模时，同条件制作的混凝土立方体抗压强度应不小于混凝土设计强度的 75%。

构件脱模后，存在不影响结构性能的钢筋、预埋件或者连接件锚固的局部破损和构件表面的非受力裂缝时，可用修补浆料进行表面修补后使用。

2.1.8 预制柱检验

装配式混凝土结构中的构件检验关系到主体的质量安全，应重视。预制柱的检验主要包含原材料检验、隐蔽工程检验、成品检验三部分。

预制柱在出厂前应进行成品质量验收，其检查项目包括预制构件的外观质量、预制构件的外形尺寸、预制构件的钢筋、连接套筒、预埋件、预留孔洞，其检查结果和方法应符合现行国家标准的规定（图 2.1.4）。

2.1.9 预制柱的标识

预制柱验收合格后，应在明显部位标识构件型号、生产日期和质量验收合格标志。预

项目2 预制柱生产与施工

图 2.1.4 预制柱

制构件脱模后应在其表面醒目位置按构件设计制作图规定对每个构件编码。预制构件生产企业应按照有关标准规定或合同要求，对其供应的产品签发产品质量证明书，明确重要参数，有特殊要求的产品还应提供安装说明书。

2.1.10 预制柱制作任务

1. 熟悉任务

熟悉图 2.1.5 预制柱模板图和配筋图。

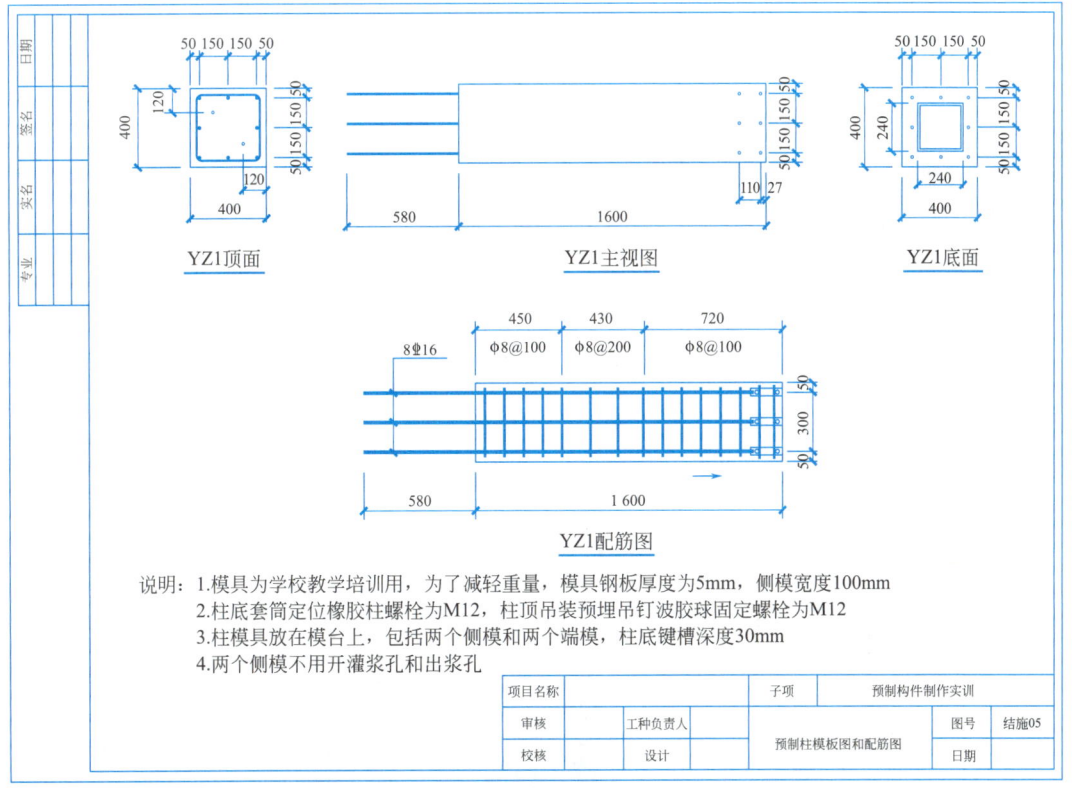

图 2.1.5 预制柱模板图和配筋图

25

2. 任务实施

预制柱模板和钢筋骨架制作与安装工作中,根据岗位角色与任务分工完成学生任务分配表,并填写安全与施工技术交底内容,见表 2.1.1。

学生任务分配表　　　　　　　　　　　　　　　　　　　　　表 2.1.1

组号		组长		指导教师	
组员	姓名		岗位角色与任务分工		
安全与施工技术交底内容					

任务 2.2　预制柱吊装

2.2.1　作业准备

1. 人员准备

作业团队一般包括 8 人,分别是:塔式起重机司机 1 名、楼面指挥员(通常兼班组长)1 名、构件装配工 4 名、地面堆场(或运输车辆)处指挥员(以下简称地面指挥员)1 名,构件装配工(地面)1 名。其中,楼面 4 名构件装配工细分岗位为挂钩员 1 名、测量员 1 名、安装员 2 名。

4. 预制柱吊装

根据实际情况,楼面也可安排 4 人,其中楼面指挥员 1 名、测量员 1 名、挂钩员 1 名、安装员 1 名。

2. 图纸准备

通常,作业团队在接受施工员组织的质量技术交底时,要取得预制构件楼层平面布置图等图纸,由楼面指挥员负责保管。

3. 工器具准备

各岗位作业人员根据职责分工负责准备,相关岗位作业人员予以协助,工器具名称、数量、责任人见表 2.2.1。

预制柱吊装工器具准备　　　　　　　　　　　　　　　　　表 2.2.1

序号	类型	名称	数量	规格型号	示意图	责任人	备注
1	安全防护用品	袖章	2 个	—	起重指挥	楼面指挥员、地面指挥员	

续表

序号	类型	名称	数量	规格型号	示意图	责任人	备注
2	安全防护用品	安全带	8条	安全带脱卸式双挂钩,且单条挂钩长度为2m		全体人员	
3		反光衣	8件	符合国家施工现场劳保用品使用要求		全体人员	
4		手套	8副	符合国家施工现场劳保用品使用要求		全体人员	
5		警示带及支架	若干	—		楼面指挥员、地面指挥员	
6	工具仪器	对讲机	3台	—		塔式起重机司机、楼面指挥员、地面指挥员	
7		水准仪	1台	DS3		测量员	
8		水平仪	1台	八线		测量员	

续表

序号	类型	名称	数量	规格型号	示意图	责任人	备注
9	工具仪器	靠尺	1把	—		测量员	
10		棉线	1卷	—		测量员	
11		吊锤	1个	—		测量员	
12		手持式砂轮机	1台	S3S-SL2-150		安装员	
13		卷尺	1把	5m		测量员	
14		墨斗	1个	—		测量员	
15		吊索(钢丝绳)	10条	—		挂钩员、构件装配工(地面)	

续表

序号	类型	名称	数量	规格型号	示意图	责任人	备注
16	工具仪器	卸扣	10个	根据预制构件实际情况进行选择		挂钩员、构件装配工(地面)	
17		爬梯	1架	—		安装员	
18		牵引绳	4条	—		挂钩员、构件装配工(地面)	
19		电动扳手	4台	带可以扭动24六角螺栓的套管		安装员	
20		镜子	2面	—		安装员	
21		撬棍	1对	—		安装员	
22		调整钢筋垂直度用的扳手	1台	—		安装员	可用钢筋焊接而成

续表

序号	类型	名称	数量	规格型号	示意图	责任人	备注
23	工具仪器	扳手	4副	—		安装员、构件装配工(地面)	
24		方木	若干	—		安装员、构件装配工(地面)	
25		工具桶（工具袋）	4个	—		楼面安装员、地面安装员	
26		万向旋转扣及专用扳手	4个及2个	—		挂钩员、构件装配工(地面)	转移预制柱时才需要
27		粉笔	若干	—		测量员	
28		笔	若干	—		测量员	
29		A4纸	若干	—		测量员	

4. 起重设备准备

塔式起重机司机负责,地面指挥员和楼面指挥员配合,做好塔式起重机吊运前准备工作。

5. 构配件准备

安装员、构件装配工(地面)负责准备预制构件、斜支撑(含两端支撑板、螺栓螺母等配套零部件)和垫片等构配件;由测量员负责在预制构件上画出1m标高控制线。安装员、构件装配工(地面)在准备预制构件时,要检查是否完成了构件进场检验工序,没有进行构件进场检验的,应当先进行构件进场检验,再进入本环节。对于进场检验合格后堆放在地面的预制构件,要针对堆放可能引起预制构件变形的项目进行复核。

6. 安装位置准备

(1)确保安装位置结合面和斜支撑的支撑点位置无障碍物、建筑垃圾等;确保斜支撑的支撑点预埋螺栓螺杆满足安装要求(无预埋螺栓的,可以安装膨胀螺栓,见图2.2.1),并提前安装好斜支撑下端(图2.2.2)。

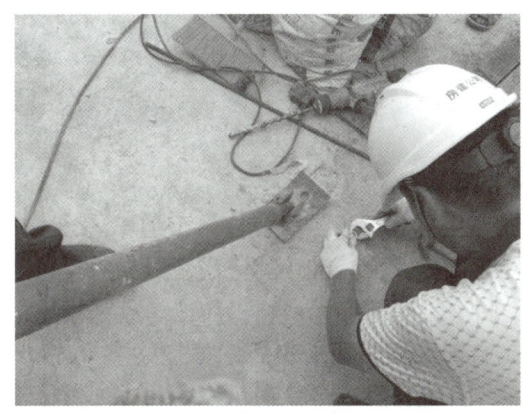

图2.2.1 斜支撑的支撑点处安装膨胀螺栓

图2.2.2 斜支撑下端安装

(2)确保安装位置、连接钢筋标高、位置、垂直度符合要求,画出边线控制线(通常为2条);放置垫片,使垫片上表面齐平(图2.2.3),确保预制构件安装好后1m标高控制线的标高符合要求。

图 2.2.3　预制柱安装处放置垫片

（3）注意清除吊运路径上的模板、外架等材料。

7. 确定吊装路径

楼面指挥员负责确定吊运预制构件路径（包括在预制构件堆放处起吊、空中运输、对准就位的路径以及预制构件在空中的姿态）和作业人员站位、移动路径等。

8. 作业环境准备

由楼面指挥员负责、地面指挥员协助，确保预制构件吊运过程中无障碍，并设置安全作业区（原则上用警示带标识）。

2.2.2　吊装作业

1. 吊装作业流程（图 2.2.4）

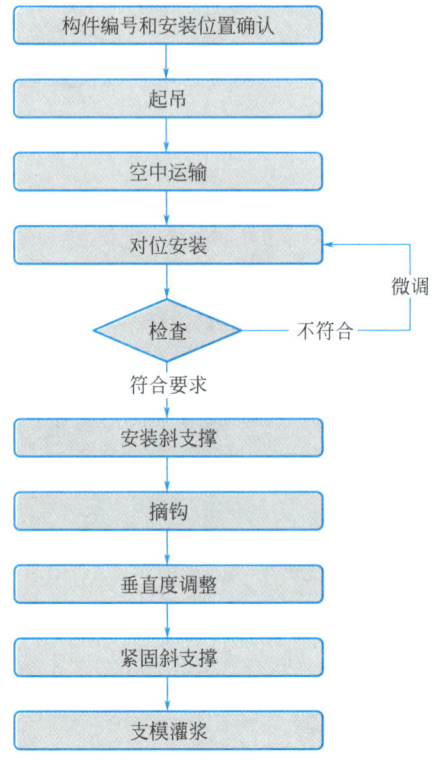

图 2.2.4　吊装作业流程图

2. 构件编号和安装位置确认

楼面指挥员和地面指挥员负责，对照图纸确认需要吊装的预制构件的编号、安装位置等信息，避免张冠李戴。

3. 起吊

原则上预制柱应堆放在空旷区域，但由于场地受限，往往集中堆放（图 2.2.5）；在吊装之前需要将预制柱移位出来、翻身，以便于起吊（图 2.2.6）。在两个吊点上安装好卸扣、吊索，在预制构件上套好两条牵引绳，将吊索挂在吊钩上（注意吊索要处于吊钩中间），进行试吊（将预制构件竖起吊离地面 200~300mm 时暂停，观察预制构件是否下坠、是否平衡、吊具连接是否牢靠；无以上问题，即为试吊成功）；未发现问题的，正式起吊。正式起吊时（翻身吊时不允许手扶），注意扶住预制柱至距地面 1m 左右时彻底松手，避免预制柱在空中旋转。

图 2.2.5　预制柱集中堆放

图 2.2.6　预制柱吊装翻身

4. 空中运输

吊运预制柱底面高度超过外架后，方可大幅度旋转塔式起重机（图 2.2.7）。将预制柱吊运到安装位置正上方 1m 左右时暂停，人工扶住预制柱（图 2.2.8）。

图 2.2.7 预制柱吊运（一）

图 2.2.8 预制柱吊运（二）

5. 对位安装和检查

安装员负责将两面镜子分别放置在预制柱安装位置两角（用来观察钢筋有无对准套筒插入）。人工扶住预制构件正对安装位置（凭肉眼观察，也可以借助吊锤，判断预制构件外轮廓线对准安装位置结合面上的边线控制线），使用塔式起重机缓慢下落吊钩（图 2.2.9）；当预制构件下表面距离钢筋高度为 200mm 左右时，2 名安装员扶住预制构件，继续下落吊钩，并用镜子观察，直至预留钢筋全部插入套筒（图 2.2.10）；当预制构件下落接触垫片刚好搁稳时，暂停下落吊钩，检测预制构件两个方向的边线控制偏差（相当于轴线位置偏差），检测 1m 标高线标高偏差，确保符合《预制构件安装与连接检验批质量验收记录表》（见附件二）相应要求。如果边线控制偏差不符合要求，用撬棍调整预制构件位置（图 2.2.11）；如果标高不符合要求，需将预制构件稍稍吊起（注意不要让钢筋脱离套筒），重新放置垫片（此环节需特别注意用两根木方搁置在预制构件下方适当位置，以防止预制构件下坠伤人），重新对位安装。

项目 2　预制柱生产与施工

图 2.2.9　塔式起重机缓慢下落吊钩

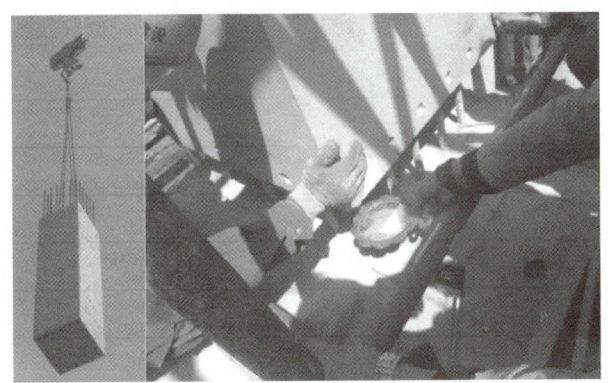

图 2.2.10　用镜子观察预留钢筋是否插入套筒

图 2.2.11　预制构件位置调整

6. 安装斜支撑

安装人员站在楼面或爬上爬梯找出预制构件—斜支撑预埋件，用工具或其他可靠方法将预埋件的橡胶堵头拔出；将斜支撑板对准预埋件螺孔装上的螺栓并拧紧（图 2.2.12）。拧紧斜支撑的锁紧螺母，刚好稳固预制构件即可。

图 2.2.12 斜支撑板固定安装

7. 摘钩

挂钩员提出摘钩建议，搭设爬梯，测量员扶住爬梯，挂钩员爬上爬梯，从两个吊点上拆下卸扣（图 2.2.13），将卸扣安装在吊索上，同时拆掉牵引绳并套在吊索上，起升塔式起重机吊钩，使吊索、卸扣和牵引绳等离开预制构件（注意防范吊具和牵引绳绊在预制构件上或相互碰撞）（图 2.2.14）；继续吊装下一个预制构件，或将吊钩下落地面，然后将吊索、卸扣和牵引绳收起来放好。

图 2.2.13 预制柱吊装卸扣拆卸

项目 2　预制柱生产与施工

图 2.2.14　卸扣和牵引绳拆卸后套在吊索上

8. 垂直度调整

在楼面指挥员的统一指挥下，测量员用靠尺测量预制构件垂直度（见图 2.2.15，要注意测量两个方向的垂直度），安装员用工具转动斜支撑调节杆，通过调节斜支撑的长度来调整预制构件的垂直度，确保预制构件的垂直度符合要求。

图 2.2.15　预制柱垂直度测量

9. 紧固斜支撑

在预制构件垂直度符合要求后，紧固预制构件所有斜支撑上的锁紧螺母。

2.2.3　安全管理和文明作业要求

（1）接受安全技术交底，并予以遵循。

（2）遵循吊装安全管理一般要求。

（3）在工作中使用非自己准备的工器具时，在使用完后，应即刻交付负责准备工器具的责任人员保管，防止工具遗失或高空坠落伤人。

(4) 在预制构件对位安装时，如需调整预制构件下面的垫片，至少用两根方木垫在安装结合面上，方可用手调整。

(5) 任务完成后，需将构配件、工器具、设备等复归原位，将安装位置清理干净，养成工完场清的习惯。

2.2.4 质量管理要求

(1) 接受质量技术交底，并予以遵循。

(2) 选择有代表性的单元板块进行试安装，并根据试安装结果及时调整完善吊装方案和施工工艺。

(3) 使用撬棍微调时，注意选好着力点，撬棍扁的一面要与预制构件全面贴合，保护好预制构件的混凝土面。

(4) 不得对预制构件进行切割、开洞。

(5) 对预制构件上的预埋件应采取保护措施。

(6) 对照《预制构件安装检验批质量验收标准》（见附表），确保预制构件轴线位置、垂直度、1m 标高控制线、相邻预制构件平整度等的偏差在允许偏差之内。

2.2.5 预制柱吊装操作任务训练

（一）训练任务

1. 训练组织

1个教学班组5名学员，3个教学班组组成教学大组。教练组（1名教练和1名助理教练）负责1个教学大组训练。在教练组指导下，1个教学班组进行作业准备、吊装作业、构件进场检验操练，其他教学班组观摩、温习有关知识等；各个教学班组轮流操练。

2. 训练内容

在教练组指导下，1个教学班组在实训基地工位上通过使用塔式起重机装配预制构件（实训基地配置1名塔式起重机司机，1名起吊信号工，配合操作塔式起重机。教学班组指挥员刚开始通过起吊信号工指挥塔式起重机司机，逐步过渡到直接指挥塔式起重机司机）或使用龙门吊装配实训室仿真构件；按照岗位分工并轮换岗位，反复训练达到15min完成装配任务的目标。

(1) 构配件。见附图——结施09 预制柱详图。

(2) 安装位置。见附图——结施01 结构平面布置图。

(3) 起重设备。具备含有无级变速功能，额定力矩在120t·m以上的塔式起重机或起吊重量1t，采用环链电动葫芦，遥控控制，起吊高度不小于3.8m，软启动电机电压380V，功率不小于800W的龙门吊设备。

(4) 工器具。与本任务"一、施工实际""（二）作业准备""3. 工器具准备"部分相同。

（二）作业准备训练

1. 人员准备训练

(1) 岗位分工。1个教学班组5名学员，细分岗位为指挥员（兼班组长）1名、挂钩员 1 名、测量员 1 名、安装员 2 名（分别负责预制构件一侧），岗位职责见《构件装配班组岗位分工表》（附件三）。

（2）班前会议。在吊装作业训练前，进行班前会议，讲解吊装方案，明确岗位分工和操作要领，强调安全隐患、防范措施及有关注意事项。

（3）注意事项。5 名学员都戴上岗位胸牌和背码（指挥员、挂钩员、测量员、安装员 A、安装员 B），以强化学员角色感知。

2. 作业条件和方法准备训练

（1）按照岗位分工，确定吊装路径，进行构配件、工器具、安装位置、作业环境准备；在指挥员的主持下，集体确认准备工作完成。达到 5min 全面完成准备工作的目标。

（2）基本知识训练。在吊装作业训练时，观摩的教学班组温习知识，教练在吊装作业训练过程中穿插讲解，以加深记忆。

3. 识图训练

以 1 个教学班组为单位，就本任务"一、施工实际""（二）作业准备""2. 图纸准备"中的图例和"二、真实训练""（一）训练任务"中的图例为内容，讲解识图基本知识、方法和要领，让教学班组集体学习掌握，同时指定教学班组一名学员作为识图任务负责人，保证班组内学员人人识图过关。

（三）吊装作业训练

教学大组全体学员先看吊装作业视频，了解装配作业工艺流程，教练组作必要的讲解示范后，学员开始操练。教练组要反复强调团队协作要求：一切行动听指挥，测量员和挂钩员搭档，两个安装员搭档。

教练组要关注每一个学员站位、移动路径和操作手法等，对不规范动作进行纠正，达到个人独立完成本岗位操作、团队高效协作的目标。

（四）构件进场检验训练

1. 基本知识

要求指挥员负责，组织本班组学员在观摩其他班组操练的同时学习以下知识，并由教练组在吊装作业训练过程中进行穿插讲解。

（1）对于本任务首批进场的预制构件，必须对照《装配式结构预制构件检验批质量验收记录表》（见附件一）进行一般项目的全数检查，对每一预制构件每一项目检验合格的，为检验合格。对于本任务后续进场的预制构件，进场数量不超过 <u>100</u> 件为一批次，每批次应随机抽查预制构件数量的 <u>5%</u>（填百分比），且不少于 <u>3</u> 件，所抽查预制构件每一项目检验合格的，为检验合格。

（2）本任务预制构件检查的一般项目包括下列哪些项目？
☑ 长、宽、厚、高、对角线差值
☑ 侧向弯曲、表面平整度偏差
☐ 预埋件检查　　☐ 灌浆孔检查
☐ 裂缝、破损处理　☐ 其他<u>主筋保护层厚度、主筋外留长度</u>

（3）本任务预制构件在进场检查过程中发现下列情况需要作废弃处理的是：
☑ 影响结构性能且不能恢复的裂缝

☑影响钢筋、连接件、预埋件锚固的裂缝
☑影响结构性能且不能恢复的破损
☑影响钢筋、连接件、预埋件锚固的破损
☑裂缝宽度大于等于0.3mm，且裂缝长度超过300mm
☐其他

2. 实操训练

对于仿真构件和真实构件，在教学班组进行作业准备后吊装作业前，安排学员3人一组进行检查（对于测量项目原则上两人测量，一人记录），填写《装配式结构预制构件检验批质量验收记录表》（见附件一）。通过实地检查，加深学员记忆。

（五）构件堆放和运输训练

安排学员在观摩其他班组操练的同时温习本任务"一、施工实际""（五）构件堆放和运输"部分知识和以下知识，由教练组在吊装作业训练过程中进行穿插讲解，以加深记忆。

本任务预制构件堆放场地应满足下要求：
☑预制构件进场前，应绘制预制构件堆放平面布置示意图
☑堆放场地应平整、坚实，并应有排水措施
☑预制构件存放位置应在起吊设备覆盖范围内，避免二次倒运
☑存放时应按吊装顺序、规格、品种、所属楼栋号等分区存放
☑存放预制构件之间宜设宽度为0.8~1.2m的通道
☐其他

（六）安全和文明作业管理训练

（1）在作业准备和吊装作业训练中，要强化指挥员的安全管理意识，要求其在指挥团队作业过程中，密切关注装配过程中的安全状态，做到"不安全不作业"，要眼观六路，耳听八方，不到万不得已，不帮助其他组员做具体事务。

（2）要求指挥员负责，组织本班组学员在观摩其他班组操练的同时学习"一、施工实际""（六）安全管理和文明作业要求"内容；教练组在吊装作业训练过程中进行穿插讲解。

（3）教练组要及时指出吊装作业过程中的安全问题，督促教学班组及学员落实"一、施工实际""（六）安全管理和文明作业要求"有关内容。

（4）要不断强调职业素养训练中安全意识的核心要义——"小心"（小心驶得万年船）。

（七）质量管理训练

（1）要求指挥员负责，组织本班组学员在观摩其他班组操练的同时学习"一、施工实际""（七）质量管理要求"内容；教练组在吊装作业训练过程中进行穿插讲解，直至学员熟练记忆。

（2）要求学员不断总结，力争将预制构件一次性准确就位，深入掌握微调技巧。

（3）正确熟练使用撬棍，避免损坏预制构件。

（4）要不断强调职业素养训练中质量意识的核心要义——"标准意识"（质量就是符合标准要求）。

(八)其他

1个教学大组本项任务训练结束时,各个学员要分别就岗位、团队训练等方面谈感受、体会、存在的问题、改进的建议等,最后,教练进行总结讲评。

任务2.3 预制柱连接施工

2.3.1 作业准备

1.人员准备

坐浆员2名。

2.图纸准备

通常,作业团队在接受施工员组织的质量技术交底时,取得坐浆施工图等图纸,由其中1人保管。图例见附图。

3.工器具准备

见表2.3.1。

预制柱连接施工工器具准备　　表2.3.1

序号	名称	数量	规格型号	示意图	备注
1	高压风枪	2把	—		
2	压缩风机	1台	—		
3	PVC线管	若干	刚好塞进安装位置和预制剪力墙缝隙,一般直径为20mm		若干条长的,长度保证超过分仓长度150mm;3条短的,超过预制剪力墙厚度300mm

续表

序号	名称	数量	规格型号	示意图	备注
4	灰刀	2把	—	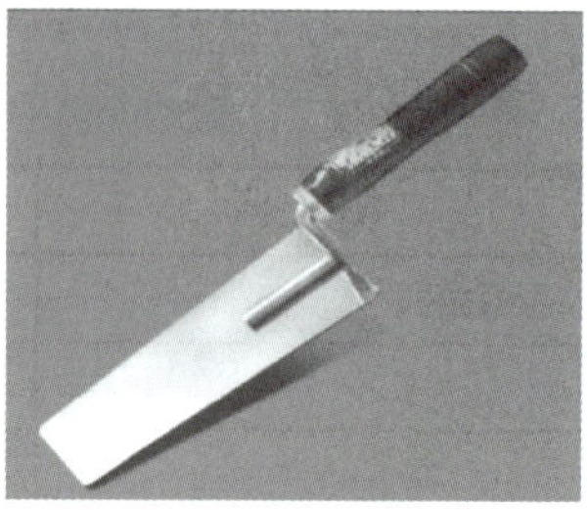	
5	灰桶	2个	—	 桶高18cm　　小号	
6	抹子	2把	长300mm,宽18mm	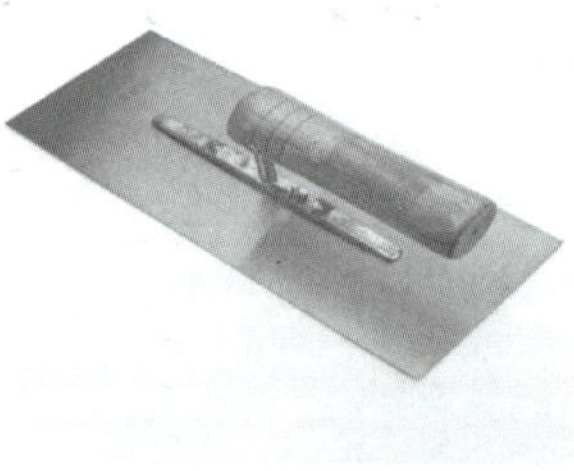	
7	专用搅拌机	2个	功率:1 200~1 400W,转速:0~800rpm(注:转速可调)		
8	不锈钢制浆桶	3个	直径300mm,高度400mm,平底		

4．材料准备

准备坐浆料和水。在准备材料时，要确定使用批次的坐浆料已检验合格，没有进行坐浆料进场检验工序的，应当先进行坐浆料进场检验，再进入本环节。

5. 作业环境准备

（1）清理预制柱安装位置结合面杂物、灰尘，并提前浇水湿润，不得有积水和油污。如有明水，采用高压气枪吹走明水。

（2）确保环境温度符合坐浆料产品使用说明书要求，不宜低于10℃。

2.3.2 坐浆作业

1. 作业流程（图 2.3.1）

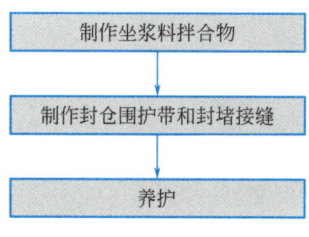

图 2.3.1 坐浆作业流程图

2. 制作坐浆料拌合物

按说明书规定的水料比在制浆桶里添加坐浆料和水，搅拌 3～6min 直至均匀（手握成团不松散），如图 2.3.2 所示。

图 2.3.2 坐浆料拌合物手握成团不松散

3. 制作封仓围护带和封堵接缝

（1）将 4 根 PVC 管分别放置在预制柱四侧下面，每根 PVC 管一端伸出预制柱边缘 200～300mm，另一端顶在另一方向的 PVC 管上，管内侧紧靠纵向连接钢筋（保证填塞坐浆料时 PVC 管能可靠支撑，位置不移动，坐浆料不会进入预制柱灌浆套筒的灌浆腔内），四面同时封堵坐浆料，封堵后，抽出 PVC 管，再用少量坐浆料封堵 PVC 管抽出后留下的 4 个洞口，如图 2.3.3、图 2.3.4 所示。

（2）加固围护带。对预制柱四周围护带进行抹制，形成一个倒角，保证灌浆时不因灌浆压力大造成围护带损坏，如图 2.3.5 所示。

图 2.3.3　预制柱内放入 PVC 管

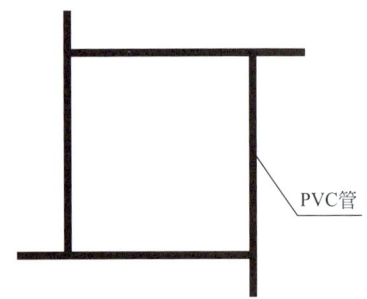

图 2.3.4　PVC 管摆放示意图

图 2.3.5　预制柱倒角型坐浆示意图

（3）注意事项。制作围护带应注意以下四点：

① 将 PVC 管伸出预制柱的部分稍微固定（比如在 PVC 管侧旁钉一水泥钉抵住 PVC 管），防止 PVC 管移动。

② 在制作围护带时，不能用力往预制柱内挤压坐浆料拌合物，防止 PVC 管移动。

③ 抽出 PVC 管时，动作不应过大，要注意保护好围护带，防止围护带坍塌损坏。

④ 坐浆料拌合物要填抹密实。

4．养护

围护带制作完成，在坐浆料拌合物终凝之前进行洒水湿润养护，养护时间不少于 12h，养护期间注意成品保护，避免损坏围护带。

2.3.3　施工质量验收相关作业

制作坐浆料拌合物试件。

2.3.4　坐浆料进场检验

进场检验应进行以下工作：

(1) 查验使用说明书、出厂检验报告和产品合格证等出厂质量证明材料。
(2) 确认坐浆强度比预制柱混凝土强度至少高一等级，达到坐浆强度时间不超过 12h。
(3) 制作坐浆料拌合物试件（一般在坐浆料投入使用前 3~5 天制作）。
以上内容全部合格的，方可使用坐浆料。

2.3.5 坐浆料储存与保管

坐浆料的储存应设置专用仓库保管，尽量做到恒温恒湿，坐浆料进场后应在一个月内使用完毕，超过 2 个月的不得使用。

2.3.6 安全管理和文明施工要求

(1) 在清理预制柱安装位置结合面杂物、灰尘，特别是浇水湿润或采用高压气枪吹走明水时，注意文明施工。
(2) 任务完成后，材料、设备、工器具等复归原位，清理干净，工完场清。

2.3.7 质量管理要求

(1) 坐浆作业的环境温度不宜低于 10℃，不宜高于 35℃。
(2) 坐浆料拌合物应在产品说明书规定的时间内用完，超出规定时间不得添加坐浆料及水后再次使用。
(3) 坐浆完成后应填写《坐浆施工记录表》。

2.3.8 坐浆操作任务训练

（一）训练组织

1. 8 名学员组成教学班组，2 个教学班组组成 1 个教学大组

教练组（1 名教练和 1 名助理教练）组织 1 个教学大组进行操练。在教练组的指导下，1 个教学班组进行作业准备、坐浆作业操练，另 1 个教学班组观摩、温习有关知识等。各个教学班组轮流操练。

2. 训练内容

在教练组指导下，2 个教学班组在实训基地（4 个坐浆工位）轮流训练，达到 20min 完成坐浆任务的目标。
(1) 坐浆工位。为附图中 ZPS-27：预制柱（下部）安装完成，形成了坐浆作业面。
(2) 工器具。见"一、施工实际""（二）作业准备""3. 工器具准备"列表。
(3) 坐浆料和水。坐浆料质量要求详见工法图纸说明。

（二）作业准备训练

1. 人员准备训练

(1) 岗位分工。1 个教学班组 8 名学员，其中 1 名学员任组长，1 名学员任副组长，组长牵头，副组长协助，其他 6 名学员参加，制作坐浆料拌合物，然后分成 4 个小组在 4 个工位上进行操练。
(2) 班前会议。召开班前会议，讲解坐浆施工方案，明确工作分工、操作要领、安全要求。

2. 作业条件和方法准备训练

(1) 按照工作分工，进行坐浆料、水、工器具、坐浆工位、作业环境准备，并在组长

的主持下，确认准备工作完成。达到5min全面完成准备工作的目标。

（2）基本知识训练。在1个教学班组进行作业准备和坐浆作业训练时，另1个教学班组温习坐浆知识，教练在坐浆作业训练过程中穿插讲解，以加深记忆。

（三）坐浆作业训练

1. 训练内容

见"一、施工实际""（三）坐浆作业"的全部内容。

2. 训练要领

教学大组全体学员先看坐浆作业的视频，了解坐浆作业工艺流程质量控制要点，教练组作必要的讲解示范后，学员开始操练。

教练组要关注每一个学员的操作手法和流程，对不规范的动作进行纠正，达成个人独立完成本岗位操作、团队协作高效的目标。实训过程中，教练组应注意提醒学员质量通病和防范措施。

（四）施工质量验收相关作业

在进行坐浆作业训练时，一并对学员进行制作坐浆料拌合物试件训练。

（五）坐浆料进场检验训练

（1）让学员温习"一、施工实际""（五）坐浆料进场检验"内容，教练穿插讲解，以加深记忆。

（2）在进行"二、训练指导""（二）作业准备训练""2. 作业条件准备训练"时，将坐浆料进场时查验收存的质量证明材料供学员观摩。

（六）坐浆料储存与保管训练

让学员温习"一、施工实际""（六）坐浆料储存与保管"内容，教练穿插讲解，以加深记忆。

（七）安全管理和文明施工要求训练

要求组长负责，组织本班组学员在观摩教学大组中其他组操练时，学习"一、施工实际""（七）安全管理和文明施工要求"内容。在进行坐浆作业训练时，要特别强调作业人员对其负责工器具的清洗、清洁和对作业场地撒漏的坐浆料拌合物及坐浆料污染装配式构件的清理。

（八）质量管理训练

（1）要求组长负责，组织本班组学员在观摩教学大组中其他组操练时，学习"一、施工实际""（八）质量管理要求"内容。教练组在坐浆作业训练过程中进行穿插讲解，直至学员熟练记忆。

（2）在坐浆作业训练时，不断提醒学员质量通病和防范措施。

（3）要不断强调职业素养训练中质量意识的核心要义——"标准意识"（质量就是符合标准要求）。

（九）其他

1个教学大组在本项任务训练结束前，要组织学员分别就岗位、团队训练谈感受、体会、存在的问题、改进的建议，教练进行总结讲评。

项目 3 预制墙生产与施工

Chapter 03

5. 剪力墙生产
工艺流程

知识目标

1. 识读装配式预制构件混凝土墙制作施工图。
2. 熟悉使用工具及设备。
3. 熟悉装配式预制构件混凝土墙施工工序与制作要点。
4. 了解预制混凝土墙质量验收要点。

能力目标

1. 掌握预制混凝土墙模具拼装、钢筋骨架制作与安装、预埋件安装、混凝土浇筑方法。
2. 掌握预制混凝土墙吊装和连接施工操作要点。
3. 掌握预制混凝土梁质量验收要点。

素质目标

1. 培养爱岗敬业的职业素养与严谨的专业精神。
2. 培养工程生产高效优质的质量意识。
3. 具备精益求精的专业精神。

导读

- **基本要求**

熟悉预制墙的基本知识,包括其定义、分类、应用范围和生产施工流程。掌握生产工艺,如原材料选择、模具设计、钢筋加工、混凝土制备及养护等环节。同时,精通施工技术,包括基础处理、模板和钢筋安装、混凝土浇筑及养护等步骤。确保预制墙质量可靠,满足工程需求。

- **重点**

钢筋加工、模板和钢筋安装、预制墙吊装、灌浆施工、混凝土浇筑及养护。

- **难点**

预制墙吊装、灌浆施工、混凝土浇筑及养护。

任务 3.1 预制墙生产

预制混凝土墙构件是指在预制厂（场）加工制成供建筑装配用的混凝土板形构件，其受力构件主要包括预制混凝土剪力墙外墙板和预制混凝土剪力墙内墙板。

目前常用的预制混凝土剪力墙外墙板如图 3.1.1 所示，由外叶板、保温层和内叶板三部分组成，也称为预制混凝土夹芯保温剪力墙墙板。保温层与内外叶之间采用拉结件连接，内叶板侧面通过预留钢筋与现浇剪力墙边缘构件连接，底部通过钢筋灌浆套筒与下层预制剪力墙预留钢筋连接。

图 3.1.1 预制混凝土剪力墙外墙板
(a) 外墙板；(b) 外墙板详图

预制混凝土外墙板的制造工艺目前有两种，即反打工艺和正打工艺。

反打工艺是指在模台的底模上预铺各种花纹的衬模，使墙板的外表皮在下面，内表皮在上面；正打工艺则与之相反，通常直接在模台的底模上浇筑墙板，使墙板的内表皮朝下，外表皮朝上。反打工艺可以在浇筑外墙混凝土墙体的同时，将外饰面的各种线型及质感制作出来，贴有面砖的预制混凝土外墙板通常采用反打预制工艺。

按照生产工艺来分，预制构件的生产工艺又可以分为平模工艺和立模工艺。对于预制混凝土夹芯保温外墙板，宜采用平模工艺生产。生产时应先浇筑外叶墙板混凝土层，再安装保温材料和拉结件，最后浇筑内叶墙板混凝土层。当采用立模工艺生产时，应同步浇筑内外叶墙板混凝土层，并应采取保证保温材料及拉结件位置准确的措施。

3.1.1 预制混凝土夹芯外墙板制作的工艺流程（图 3.1.2）

制作准备→模台清理→隔离剂、缓凝剂涂刷→外叶板支模→外叶板钢筋绑扎→外叶板预埋件预埋→外叶板钢筋隐蔽工程验收→混凝土浇筑、振捣→保温板铺设→内叶板支模→内叶板预埋件安装固定→内叶板钢筋安装→内叶板钢筋隐蔽工程验收→混凝土浇筑、振捣→

养护→脱模、起吊→表面处理→质检→构件成品标识入库。

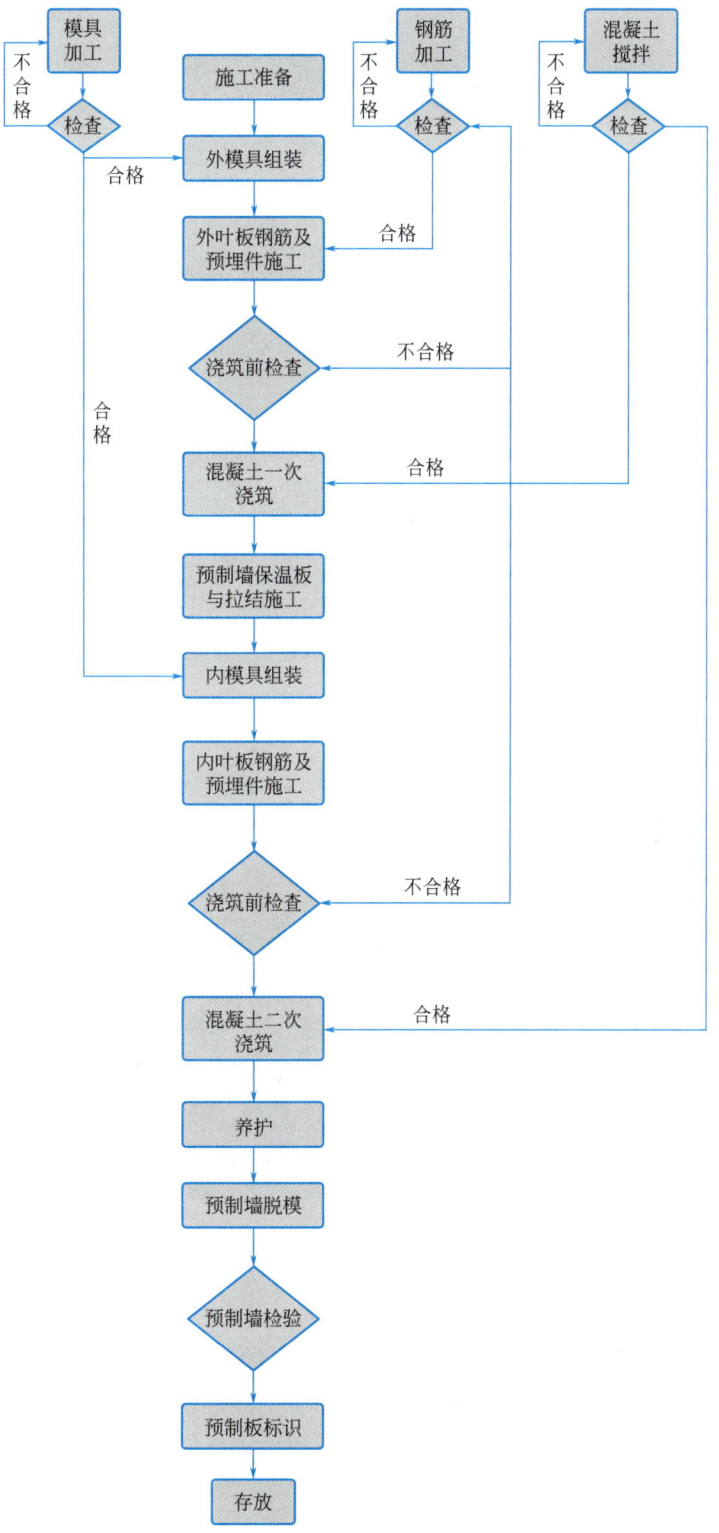

图 3.1.2 预制混凝土夹芯外墙板制作的工艺流程图

3.1.2 制作准备

预制构件制作前,对带饰面砖或饰面板的构件,应绘制排砖图或排板图;对夹芯外墙板,应绘制内外叶墙板的拉结件布置图及保温板排板图。预制构件模具应满足承载力、刚度和整体稳定性要求;应满足预制构件质量、生产工艺、模具组装与拆卸、周转次数等要求;应满足预制构件预留孔洞、插筋、预埋件的安装定位要求。

预制构件所有模具必须清洁干净,不得存有铁锈、油污及混凝土残渣。在生产过程中,要根据生产计划合理选取模具,保证充分利用模台。对于存在变形情况,超过规程要求的模具一律不得使用,首次使用及大修后的模板应当全数检查,使用中的模板应当定期检查,并做好检查记录。

3.1.3 刷脱模剂、缓凝剂

隔离剂、缓凝剂在使用前需确保其仍在有效使用期内,且必须涂刷均匀。

3.1.4 外叶板支模(图3.1.3)

外模组装前应当贴双面胶或者组装后打密封胶,防止浇筑振捣过程漏浆。侧模与底模、顶模组装后必须在同一平面内,严禁出现错台。组装后需校对尺寸,应特别注意对角尺寸,可使用磁盒进行加固。使用磁盒固定模具时,一定要将磁盒底部杂物清除干净,且必须将螺钉有效地压到模具上。

图3.1.3 外叶板支模

3.1.5 外叶板钢筋绑扎(图3.1.4)

带飞边的外模,需要增加水平分布筋,且锚入内叶部分长度不小于锚固长度,加强钢筋应当按照设计要求绑扎。绑扎过程中,对于尺寸、弯折角度不符合设计要求的钢筋不得绑扎,一律退回。需要预留梁槽或孔洞时,应当根据要求绑扎加强筋,对于梁部预留的梁槽,梁内构造筋断开处可不留保护层。

项目3 预制墙生产与施工

图 3.1.4 外叶板钢筋绑扎

3.1.6 外叶板预埋件预埋（图 3.1.5）

预埋件制作及安装应严格按照设计图纸给出的尺寸要求制作，制作安装后必须对所有预埋件的尺寸进行验收。

图 3.1.5 外叶板预埋件预埋

3.1.7 混凝土浇筑、振捣

应根据混凝土的品种、工作性、预制外墙板的规格形状等因素，制订合理的振捣成型操作规程。混凝土应采用强制式搅拌机搅拌，并宜采用机械振捣。按照生产计划的混凝土用量搅拌混凝土，混凝土浇筑过程中应注意对钢筋网片及预埋件的保护，浇筑厚度使用专门的工具测量并严格控制。振捣后应当对边角进行一次抹平，保证构件外模与保温板之间无缝隙。

3.1.8 保温板铺设

将制作好的保温板按顺序放入，使用橡胶锤将保温板按顺序敲打密实，要特别注意边

51

角的密实程度，严禁上人踩踏，确保保温板与外叶混凝土可靠黏结。

3.1.9　内叶板模板安装

将组装好的内叶板模具（绑扎好钢筋）按照提前测量好的位置放到外叶上，确保一次放准确，避免来回拖动导致连接件及保温板的扰动，微调至设计尺寸后进行加固，保证内叶板模与保温层之间无缝隙。

3.1.10　内叶板预埋件安装

内、外剪力墙灌浆套筒与底模之间不允许存在缝隙，外露纵筋位置及尺寸确保符合设计要求；构件吊钉尾翼钢筋应当根据要求及构件尺寸选取，尾翼钢筋必须绑扎牢固，穿孔处下部不得留有缝隙，防止吊装过程中出现裂缝。

3.1.11　内叶板钢筋隐蔽工程验收

浇筑前对内模板的尺寸、钢筋绑扎、预埋件安装等按照验收方法进行检查，并做好隐蔽工程记录。

3.1.12　混凝土浇筑、振捣（内模）

浇筑时，应避免混凝土洒落到保温板上，洒落的混凝土应当及时清理。浇筑过程中，要对边角及灌浆套筒进行充分有效振捣，避免出现漏振造成蜂窝、麻面现象。浇筑时，按照试验室要求预留试块。构件浇筑完成后进行一次收面，收面过程中应当检查外露的钢筋及预埋件，并按照要求调整。

3.1.13　养护

混凝土养护可采用覆盖浇水和塑料薄膜覆盖的自然养护、化学保护膜养护和蒸汽养护方法。当采用自然养护时，应符合现行国家标准《混凝土结构工程施工规范》GB 50666—2011 的要求；生产墙板等较薄预制构件或冬期生产预制构件时，宜采用加热养护或蒸汽养护方式。预制构件采用加热养护时，应制订相应的养护制度，宜在常温下放置 2~6h，升温、降温速度不应超过 20℃/h，最高养护温度不宜超过 70℃，预制构件出蒸养窑时的温度与环境温度的差值不宜超 25℃。

3.1.14　脱模与表面修补

构件蒸汽养护后，蒸养罩内外温差小于 20℃时方可进行拆模作业。构件拆模应严格按照顺序拆模，严禁使用振动、敲打方式拆模；构件拆模时，应仔细检查，确认构件与模具之间的连接部分完全拆除后，方可起吊；预制构件拆模起吊时，应根据设计要求或具体生产条件确定所需的混凝土标准立方体抗压强度，脱模外墙板混凝土强度应不小于 20MPa；对于预应力预制构件及拆模后需要移动的预制构件，拆模时的混凝土立方体抗压强度应不小于混凝土设计强度的 75％。构件起吊应平稳，墙板宜先采用模台翻转方式起吊，模台翻转角度不应小于 75°，然后采用多点起吊方式脱模。

构件脱模后，存在不影响结构性能的钢筋、预埋件或者连接件铺固的局部破损和构件表面的非受力裂缝时，可用修补浆料进行表面修补后使用。构件脱模后，构件外装饰材料出现破损应进行修补。

3.1.15 预制混凝土夹芯墙板质检

预制夹芯墙板的检验主要包含原材料检验、隐蔽工程检验、成品检验三部分。预制夹芯墙板在出厂前应进行成品质量验收，其检查项目包括预制构件的外观质量、预制构件的外形尺寸、预制构件的钢筋、连接套筒、预埋件、预留孔洞，其检查结果和方法应符合现行国家标准的规定。

3.1.16 预制混凝土夹芯墙板的标识入库

预制混凝土夹芯墙板验收合格后，应在明显部位标识构件型号、生产日期和质量验收合格标志。预制构件脱模后应在其表面醒目位置按构件设计制作图规定对每个构件编码。预制构件生产企业应按照有关标准规定或合同要求，对其供应的产品签发产品质量证明书，明确重要参数，有特殊要求的产品还应提供安装说明书。

3.1.17 预制墙制作任务

1. 熟悉任务

熟悉图 3.1.6 中预制墙模板图和配筋图。

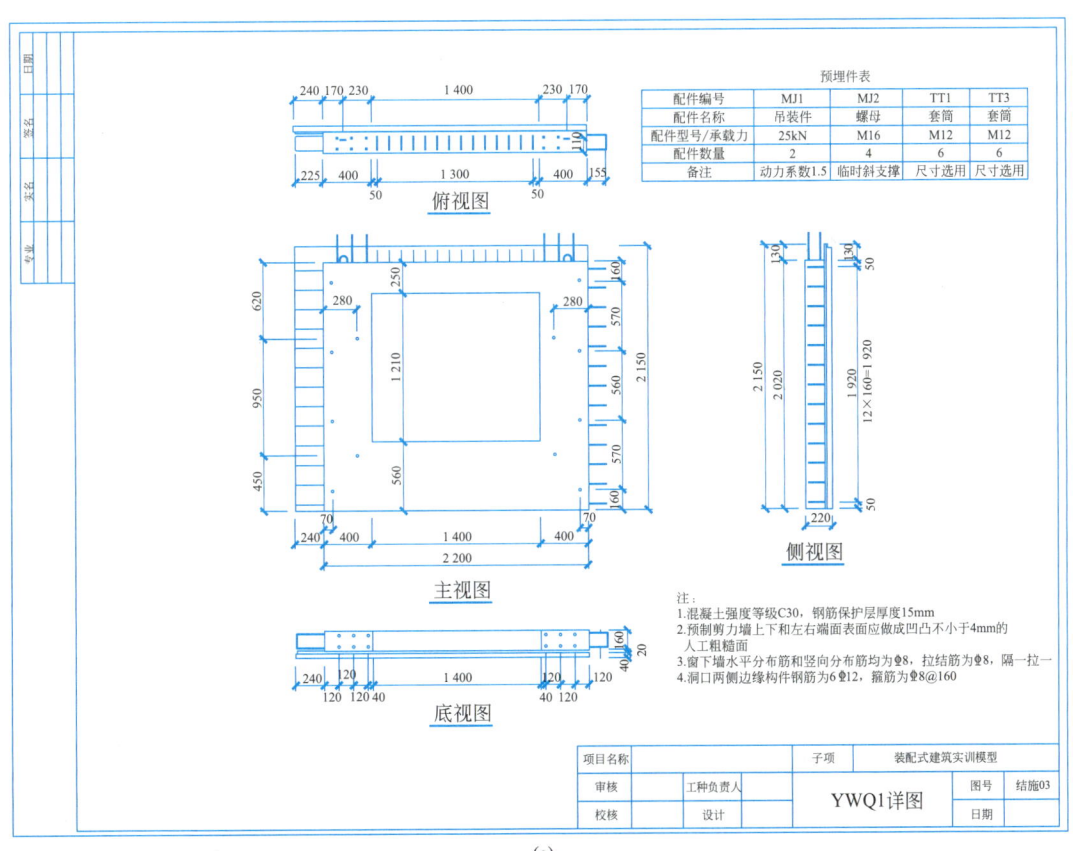

(a)

图 3.1.6 预制墙模板图和配筋图（一）

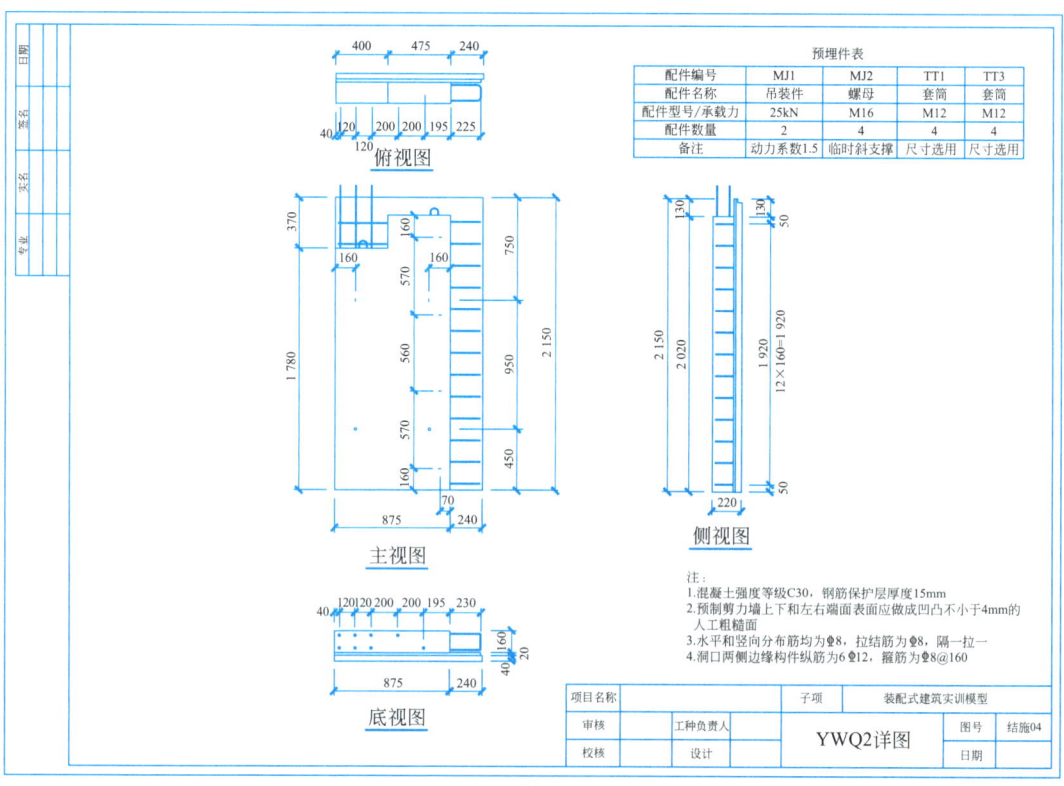

(b)

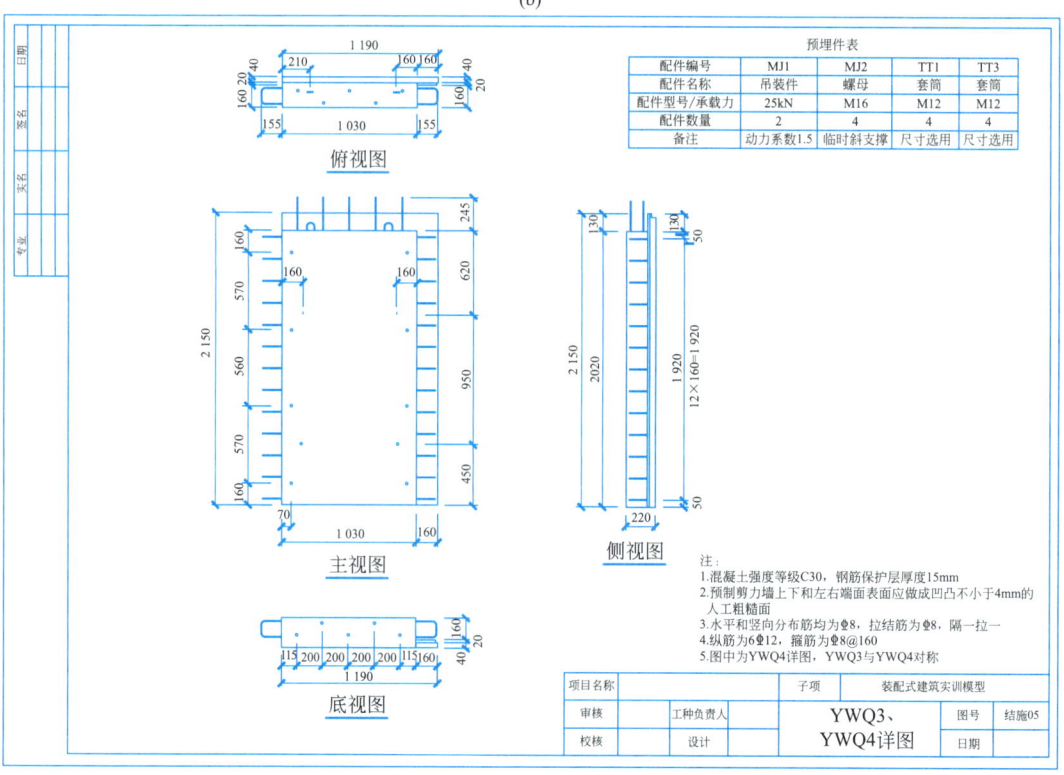

(c)

图 3.1.6 预制墙模板图和配筋图（二）

项目3 预制墙生产与施工

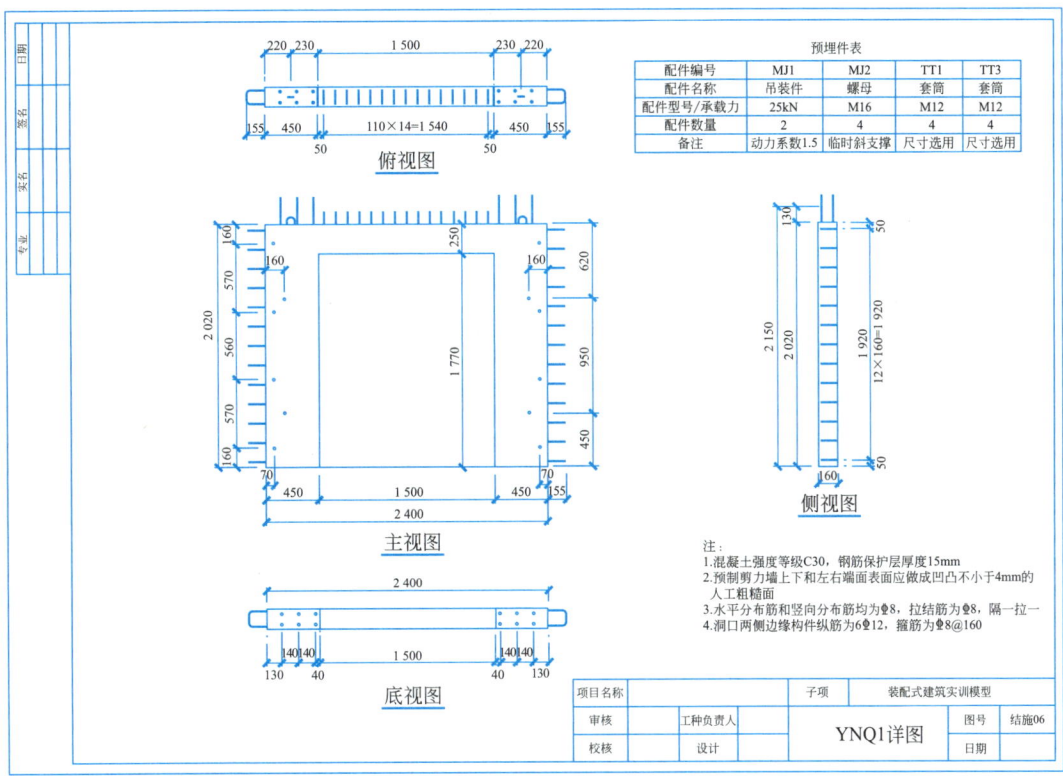

(d)

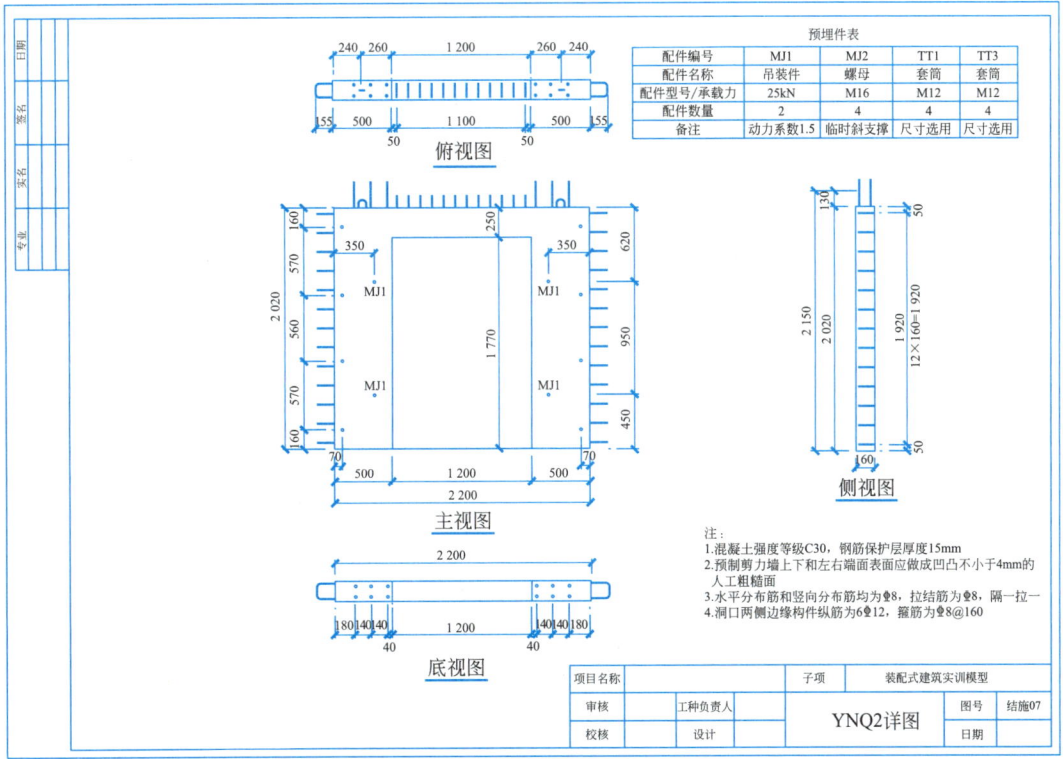

(e)

图 3.1.6 预制墙模板图和配筋图（三）

2. 任务实施

预制墙模板和钢筋骨架制作与安装工作中,根据岗位角色与任务分工完成学生任务分配表(表 3.1.1),并填写安全与施工技术交底内容。

学生任务分配表　　　　　　　表 3.1.1

组号		组长		指导教师	
组员	姓名		岗位角色与任务分工		
安全与施工技术交底内容					

任务 3.2　预制墙吊装

3.2.1　作业准备

1. 人员准备

作业团队一般包括 8 人,分别是塔式起重机司机 1 名、楼面指挥员(通常兼班组长)1 名、构件装配工 4 名、地面堆场(或运输车辆)处指挥员(以下简称地面指挥员)1 名,构件装配工(地面)1 名。其中,楼面 4 名构件装配工细分岗位为挂钩员 1 名、测量员 1 名、安装员 2 名。

6. 剪力墙外墙板吊装

根据实际情况,楼面也可安排 4 人,其中楼面指挥员 1 名、测量员 1 名、挂钩员 1 名、安装员 1 名。

2. 图纸准备

通常,作业团队在接受施工员组织的质量技术交底时,取得构件楼层平面布置图等图纸,由楼面指挥员负责保管。图纸见附图。

3. 工器具准备

各岗位作业人员根据职责分工负责准备,相关岗位作业人员予以协助。工器具名称、数量、责任人见表 3.2.1。

项目3　预制墙生产与施工

预制墙吊装工器具准备　　　　　表 3.2.1

序号	类型	名称	数量	规格型号	示意图	责任人	备注
1	安全防护用品	袖章	2个	—		楼面指挥员、地面指挥员	
2		安全带	8条	安全带脱卸式双挂钩,且单条挂钩长度为2m		全体人员	
3		反光衣	8件	符合国家施工现场劳保用品使用要求		全体人员	
4		手套	8副	符合国家施工现场劳保用品使用要求	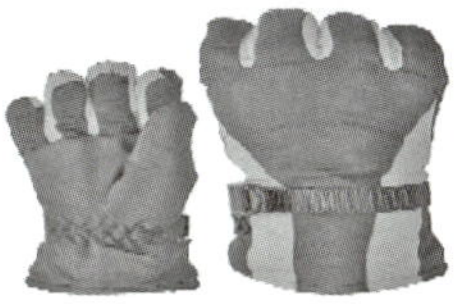	全体人员	
5		警示带及支架	若干	—		楼面指挥员、地面指挥员	
6	工具仪器	对讲机	3台	—		塔式起重机司机、楼面指挥员、地面指挥员	
7		水准仪	1台	DS3	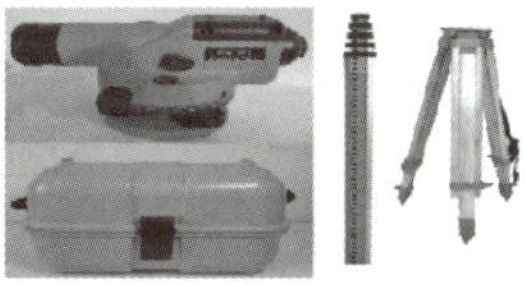	测量员	
8		水平仪	1台	八线	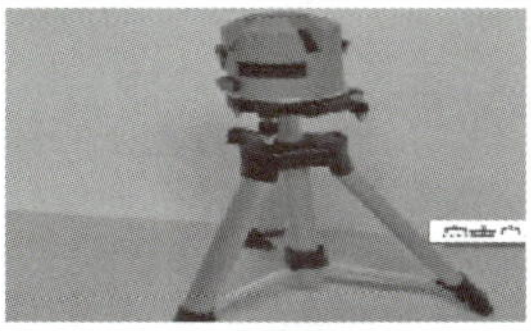	测量员	
9		靠尺	1把	—		测量员	

续表

序号	类型	名称	数量	规格型号	示意图	责任人	备注
10	工具仪器	棉线	1卷	—		测量员	
11		吊锤	1个	—		测量员	
12		手持式砂轮机	1台	S3S-SL2-150		安装员	
13		卷尺	1把	5m		测量员	
14		墨斗	1个	—		测量员	
15		吊索（钢丝绳）	10条	—		挂钩员、构件装配工（地面）	
16		卸扣	10个	根据预制构件实际情况进行选择		挂钩员、构件装配工（地面）	
17		爬梯	1架	—		安装员	
18		牵引绳	4条	—		挂钩员、构件装配工（地面）	

项目3 预制墙生产与施工

续表

序号	类型	名称	数量	规格型号	示意图	责任人	备注
19		电动扳手	4台	带可以扭动24六角螺栓的套管		安装员	
20		镜子	2个	—	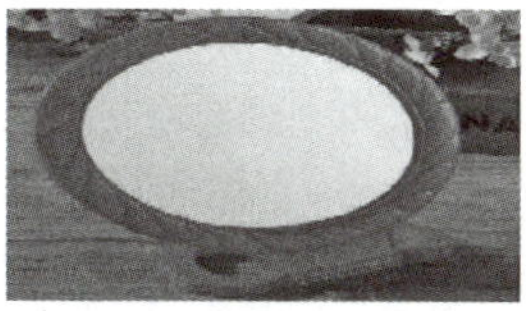	安装员	
21		撬棍	1对	—		安装员	
22		调整钢筋垂直度用的扳手	1台	—		安装员	可用钢筋焊接而成
23	工具仪器	扳手	4副	—	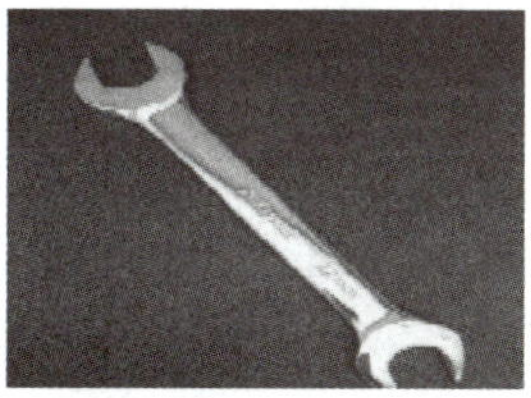	安装员、构件装配工（地面）	
24		方木	若干	—		安装员、构件装配工（地面）	
25		工具桶（工具袋）	4个	—		楼面安装员、地面安装员	
26		平衡梁	1套	根据预制构件实际情况进行选择		挂钩员	根据施工现场实际情况配置

续表

序号	类型	名称	数量	规格型号	示意图	责任人	备注
27	工具仪器	鸭嘴扣	若干	—		挂钩员、构件装配工（地面）	采用吊钉吊运构件时使用
28		粉笔	若干	—		测量员	
29		笔	若干	—		测量员	
30		A4纸	若干	—		测量员	

4. 起重设备准备

塔式起重机司机负责，地面指挥员和楼面指挥员配合，做好塔式起重机吊运前准备工作。

5. 构配件准备

由安装员负责准备预制构件、斜支撑（含两端支撑板、螺栓、螺母等配套零部件）和垫片等构配件；由测量员负责在预制构件上画出 1m 标高控制线。其中，安装员在准备预制构件时，要检查是否完成了构件进场检验工序，没有进行构件进场检验的，应当先进行构件进场检验，再进入本环节。对于进场检验合格后堆放在地面的预制构件，要针对堆放可能引起预制构件变形的项目进行复核。

6. 安装位置准备

（1）安装员负责确保安装位置结合面和斜支撑的支撑点位置无障碍物、建筑垃圾等；确保斜支撑的支撑点预埋螺栓、螺杆满足安装要求（无预埋螺栓的，可以安装膨胀螺栓），并提前安装好斜支撑下端。

（2）确保安装位置、连接钢筋标高、位置、垂直度符合要求，画出边线控制线（通常为 2 条）；放置垫片，使垫片上表面齐平，确保预制构件安装好后 1m 标高控制线的标高符合要求。

（3）注意清除吊运路径上的模板、外架等材料。同时，预制剪力墙侧面预留钢筋与相邻构件预留钢筋发生碰撞的要进行处理。

7. 确定吊装路径

楼面指挥员负责确定吊运预制构件路径（包括在预制构件堆放处起吊、空中运输、对准就位的路径以及预制构件在空中的姿态）和作业人员站位、移动路径等。

8. 作业环境准备

由楼面指挥员负责、地面指挥员协助，确保预制构件吊运过程中无障碍，并设置安全作业区（原则上用警示带标识）。

3.2.2 吊装作业

1. 作业流程（图 3.2.1）

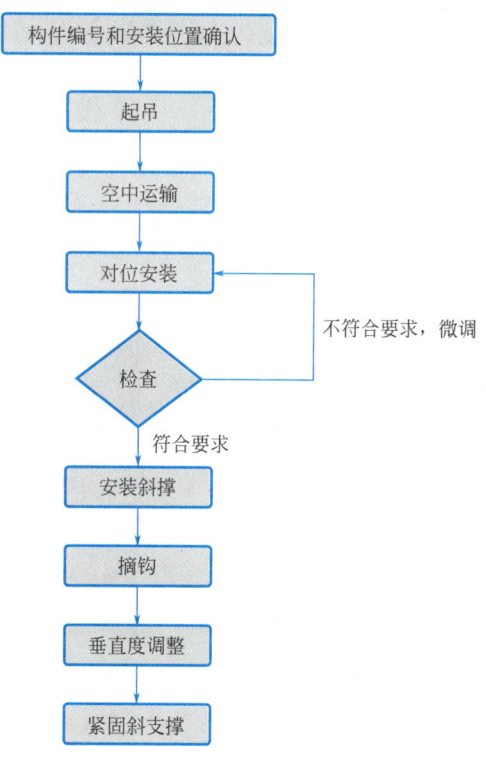

图 3.2.1 吊装作业流程图

2. 构件编号和安装位置确认

楼面指挥员和地面指挥员负责，对照图纸确认需要吊装的预制构件的编号、安装位置等信息，避免张冠李戴。

3. 起吊

一般将预制剪力墙竖立放在堆放架上。但由于场地限制，往往集中堆放（图 3.2.2）；

在吊装之前需要把预制剪力墙移位出来（图3.2.3），便于起吊（图3.2.4）；在两个吊点上安装好卸扣、吊绳，在预制构件上套好两条牵引绳，将吊绳挂在吊钩上（注意吊绳要处于吊钩中央），试吊（将预制构件竖起吊离地面约200mm，观察有无问题）后正式起吊。正式起吊时，注意扶住预制构件至预制构件距地面1m左右时彻底松手，避免预制构件在空中旋转。

图3.2.2 预制剪力墙堆放

图3.2.3 预制剪力墙移位

4. 空中运输

在吊运过程中预制构件底部超过外架后，才开始较大幅度旋转塔式起重机（图3.2.5）。将预制剪力墙吊运到安装位置正上方1m左右时暂停，人工扶住预制剪力墙。

图3.2.4 预制剪力墙吊运（一）

图3.2.5 预制剪力墙吊运（二）

5. 对位安装和检查

安装员负责将两面镜子分别放置在预制剪力墙安装位置两角（用来观察钢筋有无对准套筒插入）。人工扶住预制构件正对安装位置（凭肉眼观察，也可以借助吊锤，判断预制构件外轮廓线对准安装位置结合面上的边线控制线),使用塔式起重机缓慢下落吊钩;当预制构件下表面距离钢筋高度 200mm 左右时,2 名安装员扶住预制构件,继续下落吊钩,并用镜子观察,直至预留钢筋全部插入套筒;当预制构件下落接触垫片刚好搁稳时,暂停下落吊钩,检测预制构件两个方向的边线控制偏差(相当于轴线位置偏差),检测 1m 标高线标高偏差,确保符合《预制构件安装与连接检验批质量验收记录表》(见附件二)相应要求。如果边线控制偏差不符合要求,用撬棍调整预制构件位置;如果标高不符合要求,需将预制构件稍稍吊起(注意不要让钢筋脱离套筒),重新放置垫片(此环节需特别注意用两根木方搁置在预制构件下方适当位置,以防止预制构件下坠伤人),重新对位安装。

6. 安装斜支撑

一般先装下面的斜支撑,后装上面的斜支撑,不要拧紧斜支撑的锁紧螺母,刚好稳固预制构件即可。安装员站在楼面或爬上爬梯找出预制构件斜支撑预埋件(图 3.2.6),用工具及可靠方法把预埋件的橡胶堵头拔出(见图 3.2.7);把斜支撑的支撑板对准预埋件螺孔装上螺栓并拧紧(图 3.2.8)。通常,一个预制构件不少于 3 个斜支撑(不具备条件的需要 4 个支撑,见图 3.2.9)。

图 3.2.6 找出预制剪力墙斜支撑处预埋件

图 3.2.7 预制剪力墙斜支撑处预埋件清理

图 3.2.8 预制剪力墙斜支撑安装

图 3.2.9 预制剪力墙斜支撑安装

7. 摘钩

挂钩员提出摘钩建议,搭设爬梯,一个安装员扶住爬梯,测量员兼挂钩员爬上爬梯,

将吊绳从吊钩上取下，拆掉卸扣，将卸扣安装在吊索上，同时拆掉牵引绳并套在吊索上，起升塔式起重机吊钩，使吊索、卸扣和牵引绳等离开预制构件（注意防范吊具和牵引绳绊在预制构件上或相互碰撞）；继续吊装下一个预制构件，或将吊钩下落地面，然后将吊索、卸扣和牵引绳收起来放好。

8. 垂直度调整

在楼面指挥员的统一指挥下，测量员用靠尺测量预制构件垂直度（要注意选靠近预制构件两端的两处测量），安装员用工具转动斜支撑调节杆，通过调节斜支撑的长度来调整预制构件的垂直度，确保预制构件的垂直度符合要求；也可以用吊锤来测量垂直度（图 3.2.10），如不符合要求再用斜支撑调整垂直度（图 3.2.11）；测量一个预制构件的垂直度不少于两处（图 3.2.12）。

图 3.2.10　预制剪力墙垂直度测量

图 3.2.11　预制剪力墙垂直度调整

图 3.2.12　预制剪力墙垂直度测量

9. 紧固斜支撑

在预制构件垂直度符合要求后，紧固预制构件所有斜支撑上的锁紧螺母。

3.2.3　构件进场检验

对照《装配式结构预制构件检验批质量验收记录表》（见附件一），就一般项目（包括长度、宽度、厚度、对角线差值、平整度、侧向弯曲、翘曲、预留钢筋外露长度等）进行检查。对于首批进场的预制构件，对每一预制构件检查合格方为检验合格；对后续进场的预制构件进行抽查式检验，被抽查的预制构件一般项目全部检验合格的，即为验收合格，抽查有关要求见本任务"二、真实训练""（四）构件进场检验训练"部分。

3.2.4　构件堆放和运输

（1）堆放预制构件应绘制预制构件堆放平面布置示意图，要考虑的因素：场地条件、起吊位置、吊装顺序、安全通道等。

（2）预制构件堆放和运输方式为水平放置，采用方木垫开；预制构件运输时，需用绑带捆绑牢固（图 3.2.13、图 3.2.14），以防运输途中掉落损坏。

图 3.2.13　预制剪力墙运输用支架

图 3.2.14　运输预制剪力墙需绑扎牢固

（3）预制构件堆放和运输高度不宜超过三层，且方木需要垫在同一位置（图 3.2.15）。

3.2.5　安全管理和文明作业要求

（1）接受安全技术交底，并予以遵循。

（2）遵循吊装安全管理一般要求。

（3）工作中使用非自己准备的工器具时，在使用完后，应即刻交付负责准备工器具的责任人员保管，防止工具遗失或高空坠落伤人。

（4）在预制构件就位安装时，如需调整预制构件下面的垫片，至少用两根方木垫在安装接触面上，方可用手调整。

图 3.2.15　预制剪力墙堆放和吊运

（5）任务完成后，须将构配件、工器具、设备等复归原位，将安装位置清理干净，养成工完场清的习惯。

3.2.6　质量管理要求

（1）接受质量技术交底，并予以遵循。

（2）选择有代表性的单元板块进行试安装，并根据试安装结果及时调整完善吊装方案和施工工艺。

（3）使用撬棍微调时，注意选好着力点，撬棍扁的一面要与预制构件全面贴合，保护好预制构件混凝土面。

（4）不得对预制构件进行切割、开洞。

（5）对预制构件上的预埋件应采取保护措施。

(6) 对照《预制构件安装与连接检验批质量验收记录表》（见附件二），确保预制构件轴线位置、垂直度、1m 标高控制线、相邻预制构件平整度等偏差在允许偏差之内。

3.2.7 预制墙吊装操作任务训练

(一) 训练任务

1. 训练组织

1 个教学班组 5 名学员，3 个教学班组组成教学大组。教练组（1 名教练和 1 名助理教练）负责 1 个教学大组训练。在教练组指导下，1 个教学班组进行作业准备、吊装作业、构件进场检验操练，其他教学班组观摩、温习有关知识等。各个教学班组轮流操练。

2. 训练内容

在教练组指导下，1 个教学班组在实训基地工位上通过使用塔式起重机装配预制构件（实训基地配置 1 名塔式起重机司机，1 名起吊信号工，配合操作塔式起重机。教学班组指挥员刚开始通过起吊信号工指挥塔式起重机司机，逐步过渡到直接指挥塔式起重机司机），按照岗位分工并轮换岗位，反复训练达到 15min 完成装配任务的目标。

(1) 构配件。见附图，从结施 03-结施 07 中选择一种墙板构件。

(2) 安装位置。见附图——结施 01 结构平面布置图。

(3) 起重设备。具备含有无级变速功能，额定力矩在 120t·m 以上的塔式起重机。

(4) 工器具。与本任务"一、施工实际""（二）作业准备""3. 工器具准备"部分相同。

(二) 作业准备训练

1. 人员准备训练

(1) 岗位分工。对 1 个教学班组 5 名学员，细分岗位为指挥员（兼班组长）1 名、挂钩员 1 名、测量员 1 名、安装员 2 名（分别负责预制构件一侧），岗位职责见《构件装配班组岗位分工表》（附件三）。

(2) 班前会议。在吊装作业训练前，进行班前会议，讲解吊装方案，明确岗位分工和操作要领，强调安全隐患、防范措施及有关注意事项。

(3) 注意事项。5 名学员都戴上岗位胸牌和背码（指挥员、挂钩员、测量员、安装员 A、安装员 B），以强化学员角色感知。

2. 作业条件和方法准备训练

(1) 按照岗位分工，确定吊装路径，进行构配件、工器具、安装位置、作业环境准备。在指挥员的主持下，集体确认准备工作完成。达到 5min 全面完成准备工作的目标。

(2) 基本知识训练。在吊装作业训练时，观摩的教学班组温习以下知识，教练在吊装作业训练过程中穿插讲解，以加深记忆。

① 本任务使用的吊绳（钢丝绳）在使用过程中出现下列哪些问题，就应该按照《起重机 钢丝绳 保养、维护、检验和报废》GB/T 5972—2023 相关标准进行相关检验工作，并根据损坏情况考虑报废？

☐ 钢丝绳的安全使用判定标准　　　☑ 断丝的性质和数量　　　☑ 绳端断丝

☑ 断丝局部聚集　　　☑ 断丝的增加率　　　☑ 绳股断裂

☑ 绳径减小，包括因绳芯损坏所致的情况　　　☑ 弹性降低

☑外部和内部磨损　　　　　☑外部和内部锈蚀　　　☑变形
□由于受热或电弧的作用引起的损坏　□永久伸长率　　　　□其他

② 卸扣是连接吊点与吊绳（钢丝绳）的连接工具，卸扣要正确地支撑着荷载，本任务在操作过程中出现下列哪些情况要考虑报废卸扣？
☑表面有裂纹　　　☑本体扭曲达 10%　　　☑表面磨损达 10%
☑横销不能闭锁　　☑横销变形达原尺寸 5%　☑螺栓坏死或滑牙等
□其他

③ 本任务除了上述吊装机具外，还需选用的吊装机具有<u>起重机</u>、<u>钢丝绳</u>、<u>吊索</u>、<u>卸扣</u>。

④ 每次吊装预制构件前，都要对吊具进行检查，主要包括：
☑钢丝绳是否有磨损　　☑吊环安装装置是否锁死
☑初次使用时需检查钢梁的螺栓是否合格
□其他

⑤ 确认钢筋位置
为了有效地控制钢筋位置的准确性，需要采用的工具有：
☑钢筋　　☑角钢　　☑钢管　　☑钢筋定位板　　□其他

3. 识图训练

以一个教学班组为单位，就本任务"一、施工实际""（二）作业准备""2. 图纸准备"中的图例和"二、真实训练""（一）训练任务"中的图例为内容，讲解识图基本知识、方法和要领，让教学班组集体学习掌握，同时指定教学班组一名学员作为识图任务负责人，保证班组内学员人人识图过关。

（三）吊装作业训练

教学大组全体学员先看吊装作业视频，了解装配作业工艺流程，教练组作必要的讲解示范后，学员开始操练。教练组要反复强调团队协作要求：一切行动听指挥，测量员和挂钩员搭档，两个安装员搭档。

教练组要关注每一个学员站位、移动路径和操作手法等，对不规范动作进行纠正，达到个人独立完成本岗位操作、团队高效协作的目标。

（四）构件进场检验训练

1. 基本知识

要求指挥员负责，组织本班组学员在观摩其他班组操练的同时学习以下知识，并由教练组在吊装作业训练过程中进行穿插讲解。

（1）对于本任务首批进场的预制构件，必须对照《装配式结构预制构件检验批质量验收记录表》（见附件一）进行一般项目的全数检查，对每一预制构件每一项目检验合格的，为检验合格。对于本任务后续进场的预制构件，进场数量不超过 <u>100</u> 件为一批次，每批次应随机抽查预制构件数量的 <u>5%</u>（填百分比），且不少于 <u>3</u> 件，所抽查预制构件每一项目检验合格的，为检验合格。

（2）本任务预制构件检查的一般项目包括下列哪些项目？
☑长、宽、厚、高、对角线差值
☑侧向弯曲、表面平整度偏差

☐预埋件检查　　　　☐灌浆孔检查
☐裂缝、破损处理　　☐其他<u>主筋保护层厚度、主筋外留长度</u>

（3）本任务预制构件在进场检查过程中发现下列情况需要作废弃处理的是：

☑影响结构性能且不能恢复的裂缝

☑影响钢筋、连接件、预埋件锚固的裂缝

☑影响结构性能且不能恢复的破损

☑影响钢筋、连接件、预埋件锚固的破损

☑裂缝宽度大于等于 0.3mm，且裂缝长度超过 300mm

☐其他

2. 实操训练

对于仿真构件和真实构件，在教学班组进行作业准备后吊装作业前，安排学员 3 人一组进行检查（对于测量项目原则上两人测量，一人记录），填写《装配式结构预制构件检验批质量验收记录表》（见附件一）。通过实地检查，加深学员记忆。

（五）构件堆放和运输训练

安排学员在观摩其他班组操练的同时温习本任务"一、施工实际""（五）构件堆放和运输"部分知识和以下知识，由教练组在吊装作业训练过程中进行穿插讲解，以加深记忆。

本任务预制构件堆放场地应满足下要求：

☑预制构件进场前，应绘制预制构件堆放平面布置示意图

☑堆放场地应平整、坚实，并应有排水措施

☑预制构件存放位置应在起吊设备覆盖范围内，避免二次倒运

☑存放时应按吊装顺序、规格、品种、所属楼栋号等分区存放

☑存放预制构件之间宜设宽度为 0.8～1.2m 的通道

☐其他

（六）安全和文明作业管理训练

（1）在作业准备和吊装作业训练中，要强化指挥员的安全管理意识，要求其在指挥团队作业过程中，密切关注装配过程中的安全状态，做到"不安全不作业"，要眼观六路、耳听八方，不到万不得已，不帮助其他组员做具体事务。

（2）要求指挥员负责，组织本班组学员在观摩其他班组操练的同时学习"一、施工实际""（六）安全管理和文明作业要求"内容；教练组在吊装作业训练过程中进行穿插讲解。

（3）教练组要及时指出吊装作业过程中的安全问题，督促教学班组及学员落实"一、施工实际""（六）安全管理和文明作业要求"有关内容。

（4）要不断强调职业素养训练中安全意识的核心要义——"小心"（小心驶得万年船）。

（七）质量管理训练

（1）要求指挥员负责，组织本班组学员在观摩其他班组操练的同时学习"一、施工实际""（七）质量管理要求"内容。教练组在吊装作业训练过程中进行穿插讲解，直至学员熟练记忆。

（2）要求学员不断总结，力争将预制构件一次性准确就位，深入掌握微调技巧。

项目3 预制墙生产与施工

(3) 正确熟练使用撬棍,避免损坏预制构件。
(4) 要不断强调职业素养训练中质量意识的核心要义——"标准意识"(质量就是符合标准要求)。

(八) 其他

一个教学大组在本项任务训练结束时,各个学员要分别就岗位、团队训练等方面谈感受、体会、存在的问题、改进的建议等,最后,教练进行总结讲评。

任务3.3 预制墙连接施工

3.3.1 作业准备

1. 人员准备

坐浆员2名。

2. 图纸准备

通常,作业团队在接受施工员组织的质量技术交底时,取得坐浆施工图等图纸,由其中1人保管。图例见附图。

7. 剪力墙套筒灌浆施工

3. 工器具准备

见表3.3.1。

预制墙连接施工工器具准备　　　　　　　　　表3.3.1

序号	名称	数量	规格型号	示意图	备注
1	高压风枪	2把	—		—
2	压缩风机	1台	—		—
3	PVC线管	若干	刚好塞进安装位置和预制剪力墙缝隙,一般直径为20mm		若干条长的,长度保证超过分仓长度150mm;3条短的,超过预制剪力墙厚度300mm

69

续表

序号	名称	数量	规格型号	示意图	备注
4	木方	3根	截面为正方形，刚好塞进安装位置和预制剪力墙缝隙，一般边长为20mm		长度超过预制剪力墙厚度300mm
5	灰刀	2把	—		—
6	灰桶	2个	—	桶高18cm 小号	—
7	抹子	2把	长240mm，宽100mm		
8	专用搅拌机	2个	功率：1 200~1 400W，转速：0~800rpm（注：转速可调）		
9	不锈钢制浆桶	3个	直径300mm，高度400mm，平底		

4. 材料准备

准备坐浆料和水。在准备材料时，要确定使用批次的坐浆料已检验合格，没有进行坐浆料进场检验工序的，应当先进行坐浆料进场检验，再进入本环节。

5. 作业环境准备

（1）清理预制剪力墙安装位置结合面杂物、灰尘，并提前浇水湿润，不得有积水和油污。如有明水，采用高压气枪吹走明水。

（2）确保环境温度符合坐浆料产品使用说明书要求，不宜低于10℃。

3.3.2 坐浆作业

1. 作业流程（图3.3.1）

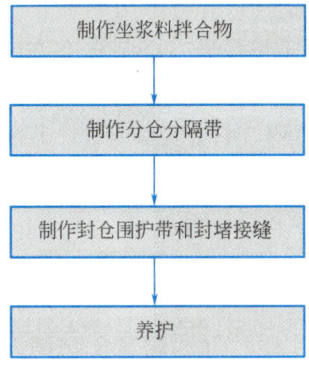

图3.3.1 坐浆作业流程图

2. 制作坐浆料拌合物

按说明书规定的水料比在制浆桶里添加坐浆料和水，搅拌3～6min直至均匀（手握成团不松散），如图3.3.2所示。

图3.3.2 坐浆料拌合物手握成团不松散

3. 制作分仓分隔带

按照施工图纸明确分仓分隔带位置，在分隔带两侧放置两根木方（间距约30mm），并予以临时固定（比如在木方外侧钉一水泥钉抵住木方），用灰刀和抹子向两根木方之间填充坐浆料拌合物。填满后，将两根木方相向挤压坐浆料拌合物，形成尺寸合适的分隔带，直至从分隔带两端挤出的坐浆料拌合物长度为30～50mm。将两根木方脱离分隔带抽出，发现分隔带有损坏的，用抹子抹好。制作分隔带应注意以下几点：

（1）分隔带的宽度一般控制在20～30mm，分隔带与连接钢筋间距应大于40mm。

（2）在预制剪力墙相应位置做出分隔带标记，并记录制作完成的时间。

（3）有三个及以上分仓的，从中间开始往两边做分隔带，直至全部做好。

4. 制作封仓围护带和封堵接缝

（1）两个分仓。预制剪力墙有两个分仓的，做好一个仓位再做另一个仓位。做一个仓位的流程如下：将两根PVC管分别放置在预制剪力墙两侧下面（距离侧面15～20mm），PVC管一端紧贴分隔带，另一端伸出预制剪力墙端部200～300mm，用灰刀和抹子在PVC管外抹制围护带，做好两侧围护带后，将两根PVC管脱离围护带并抽出。再将一根PVC管放置在预制剪力墙端部下面（距离端部15～20mm），两段伸出预制剪力墙侧面150～200mm，用灰刀和抹子在PVC管外抹制端部围护带，做好端部围护带后，将PVC管从预制剪力墙下端抽出。最后用坐浆料拌合物封堵抽出PVC管后产生的洞，使得分隔带和围护带形成一个密封的仓。

（2）三个及以上分仓。预制剪力墙有三个及以上分仓的，先做中央仓位，再做其他仓位，最后做端部仓位，做好一个仓位再做另一个仓位。

① 制作中央仓位。将两根PVC管分别放置在预制剪力墙两侧下面（距离侧面15～20mm），PVC管一端紧贴中央仓位分隔带，另一端伸出预制剪力墙端部200～300mm，用灰刀和抹子在PVC管外抹制围护带，做好中央仓位两侧围护带后，将两根PVC管抽出，再用坐浆料拌合物封堵因PVC管抽出在中央仓位另一分隔带产生的洞，使得两条分隔带和两侧围护带形成一个密封仓。

② 制作其他仓位。将两根PVC管分别放置在预制剪力墙两侧下面（距离侧面15～20mm），PVC管一端紧贴中央仓位分隔带外侧，另一端伸出预制剪力墙端部200～300mm，用灰刀和抹子在PVC管外抹制围护带，做好该仓位两侧围护带后，将两根PVC管抽出，再用坐浆料拌合物封堵因PVC管抽出在该仓位分隔带产生的洞，使得两条分隔带和两侧围护带形成一个密封仓。

③ 制作端部仓位。端部仓位做法同只有两个分仓的仓位做法相同。

（3）加固围护带。对预制剪力墙四周围护带进行抹制，形成一个倒角，保证灌浆时不因灌浆压力大造成围护带损坏（图3.3.3）。

（4）注意事项。制作围护带应注意以下四点：

① 将PVC管伸出预制剪力墙的部分稍微固定（比如在PVC管侧旁钉一水泥钉抵住PVC管），防止PVC管移动。

② 在制作围护带时，不能用力往预制剪力墙内挤压坐浆料拌合物，防止PVC管移动。

③ 抽出PVC管时，动作不应过大，要注意保护好围护带和分隔带，防止围护带坍塌和分隔带损坏。

④ 坐浆料拌合物要填抹密实。

图 3.3.3　倒角型坐浆示意图

5. 养护

围护带制作完成，在坐浆料拌合物终凝之前进行洒水湿润养护，养护时间不少于 12h，养护期间注意成品保护，避免损坏围护带。

3.3.3　施工质量验收相关作业

制作坐浆料拌合物试件。

3.3.4　坐浆料进场检验

进场检验应进行以下工作：

（1）查验使用说明书、出厂检验报告和产品合格证等出厂质量证明材料。

（2）确认坐浆强度比预制剪力墙混凝土强度至少高一等级，达到坐浆强度时间不超过 12h。

（3）制作坐浆料拌合物试件（一般在坐浆料投入使用前 3～5d 制作）。

以上内容全部合格的，方可使用坐浆料。

3.3.5　坐浆料储存与保管

坐浆料的储存应设置专用仓库保管，尽量做到恒温恒湿，坐浆料进场后应在 1 个月内使用完毕，超过 2 个月的不得使用。

3.3.6　安全管理和文明施工要求

（1）在清理预制剪力墙安装位置结合面杂物、灰尘，特别是浇水湿润或采用高压气枪吹走明水时，注意文明施工。

（2）任务完成后，材料、设备、工器具等复归原位，清理干净，工完场清。

3.3.7　质量管理要求

（1）坐浆作业的环境温度不宜低于 10℃，不宜高于 35℃。

（2）坐浆料拌合物应在产品说明书规定的时间内用完，超出规定时间不得添加坐浆料及水后再次使用。

(3) 坐浆完成后应填写《坐浆施工记录表》。

3.3.8 坐浆操作任务训练

(一) 训练组织

1. 8名学员组成教学班组，2个教学班组组成1个教学大组

教练组（1名教练和1名助理教练）组织1个教学大组进行操练。在教练组的指导下，1个教学班组进行作业准备、坐浆作业操练，另一个教学班组观摩、温习有关知识等。各个教学班组轮流操练。

2. 训练内容

在教练组指导下，2个教学班组在实训基地（4个坐浆工位）轮流训练，达到20min完成坐浆任务的目标。

(1) 坐浆工位。为附图中ZPS-27：预制剪力墙（下部）安装完成，形成了坐浆作业面。

(2) 工器具。见"一、施工实际""（二）作业准备""3. 工器具准备"列表。

(3) 坐浆料和水。坐浆料质量要求详见工法楼图纸说明。

(二) 作业准备训练

1. 人员准备训练

(1) 岗位分工。1个教学班组8名学员，其中1名学员任组长，1名学员任副组长，组长牵头，副组长协助，其他6名学员参加，制作坐浆料拌合物，然后分成4个小组在4个工位上进行操练。

(2) 班前会议。召开班前会议，讲解坐浆施工方案，明确工作分工、操作要领、安全要求。

2. 作业条件和方法准备训练

(1) 按照工作分工，进行坐浆料、水、工器具、坐浆工位、作业环境准备，并在组长的主持下，确认准备工作完成。达到5min全面完成准备工作的目标。

(2) 基本知识训练。在一个教学班组进行作业准备和坐浆作业训练时，另一个教学班组温习坐浆知识，教练在坐浆作业训练过程中穿插讲解，以加深记忆。

(三) 坐浆作业训练

1. 训练内容

见"一、施工实际""（三）坐浆作业"的全部内容。

2. 训练要领

教学大组全体学员先看坐浆作业的视频，了解坐浆作业工艺流程质量控制要点，教练组作必要的讲解示范后，学员开始操练。

教练组要关注每一个学员的操作手法和流程，对不规范的动作进行纠正，达成个人独立完成本岗位操作、团队协作高效的目标。实训过程中，教练组应注意提醒学员质量通病和防范措施。

(四) 施工质量验收相关作业

在进行坐浆作业训练时，一并对学员进行制作坐浆料拌合物试件训练。

(五) 坐浆料进场检验训练

(1) 让学员温习"一、施工实际""（五）坐浆料进场检验"内容，教练穿插讲解，以

加深记忆。

（2）在进行"二、训练指导""（二）作业准备训练""2.作业条件准备训练"时，将坐浆料进场时查验收存的质量证明材料供学员观摩。

（六）坐浆料储存与保管训练

让学员温习"一、施工实际""（六）坐浆料储存与保管"内容，教练穿插讲解，以加深记忆。

（七）安全管理和文明施工要求训练

要求组长负责，组织本班组学员在观摩教学大组中其他组操练时，学习"一、施工实际""（七）安全管理和文明施工要求"内容。在进行坐浆作业训练时，要特别强调作业人员对其负责工器具的清洗清洁和对作业场地撒漏的坐浆料拌合物及坐浆料污染装配式构件的清理。

（八）质量管理训练

（1）要求组长负责，组织本班组学员在观摩教学大组中其他组操练时学习"一、施工实际""（八）质量管理要求"内容；教练组在坐浆作业训练过程中进行穿插讲解，直至学员熟练记忆。

（2）在坐浆作业训练时，不断提醒学员质量通病和防范措施。

（3）要不断强调职业素养训练中质量意识的核心要义——"标准意识"（质量就是符合标准要求）。

（九）其他

一个教学大组在本项任务训练结束前，要组织学员分别就岗位、团队训练谈感受、体会、存在的问题、改进的建议，最后教练进行总结讲评。

项目 4 预制梁生产与施工

知识目标

1. 识读装配式预制构件混凝土梁制作施工图。
2. 熟悉使用工具及其设备相关知识。
3. 熟悉装配式预制构件混凝土梁施工工序与制作要点。
4. 了解预制混凝土梁质量验收要点。

能力目标

1. 掌握预制混凝土梁模具拼装、钢筋骨架制作与安装、预埋件安装、混凝土浇筑、蒸汽养护等生产工艺。
2. 掌握预制混凝土梁现场吊装和施工工序操作要点。
3. 掌握预制混凝土梁质量验收要点。

素质目标

1. 培养爱岗敬业的职业素养与严谨的专业精神。
2. 培养工程生产高效优质的质量意识。
3. 具备精益求精的专业精神。

导读

- **基本要求**

熟悉预制梁图纸交底及其基本知识,包括定义、类别、构造要求、应用范围以及生产、施工工序等。掌握预制梁生产工艺,如混凝土类型选择、模具设计、钢筋加工、混凝土浇筑及养护等环节。掌握预制梁施工技术,包括节点处理、现场模板和钢筋安装、后浇混凝土浇筑及养护等要点。熟悉预制梁生产、施工验收规范要点以及相关现行规范,如《装配式混凝土结构技术规程》JGJ 1—2014、《装配式建筑预制混凝土构件制作与验收标准》DB 37/T 5020—2023 等。

- **重点**

钢筋加工与安装、模板安装、预制梁吊装、节点连接施工、混凝土浇筑及养护。

项目 4　预制梁生产与施工

- **难点**

预制梁吊装、灌浆施工、混凝土浇筑及养护。

任务 4.1　预制梁生产

在预制梁的生产过程中，根据场地条件、构件的尺寸、实际需要等情况，分别采取流动模台法或固定模台法预制生产，所用生产设备应符合相关行业技术标准。构件生产企业应依据构件加工图进行预制梁的制作，并应根据预制梁的型号、形状、重量等特点制订相应的生产工艺，明确质量要求和生产各阶段质量控制要点，编制完整的预制梁生产计划书，对预制梁生产全过程进行计划管理和质量管理。

8. 叠合梁构件制作

4.1.1　预制梁生产工艺流程（图 4.1.1）

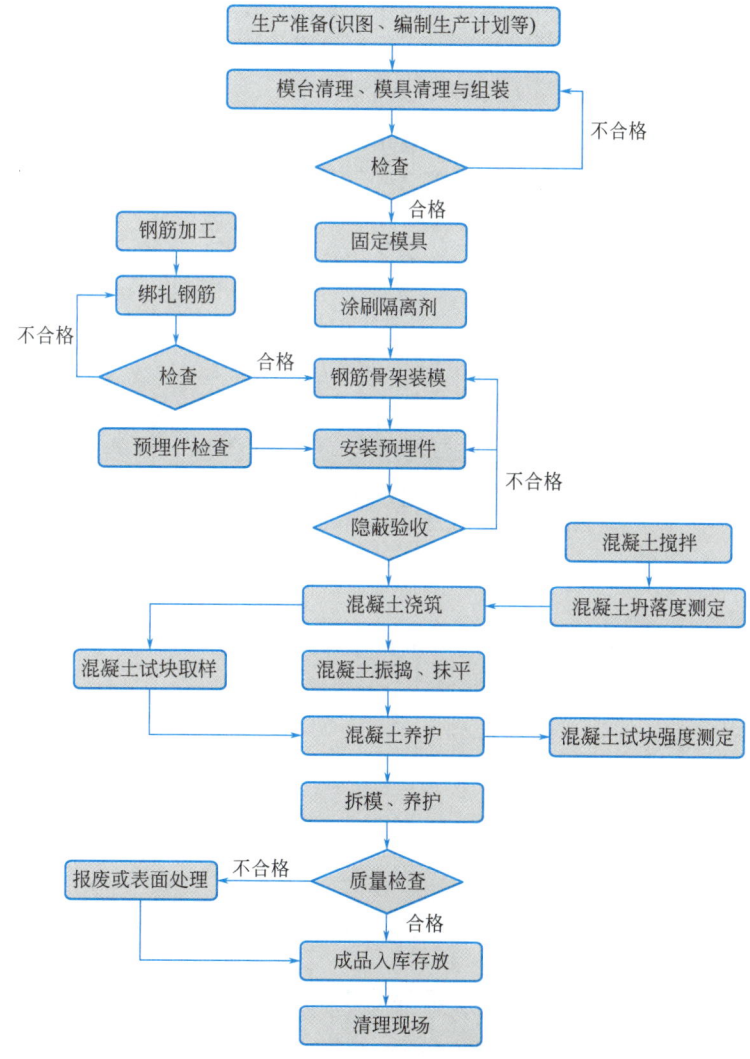

图 4.1.1　预制梁生产工艺流程图

77

4.1.2 预制梁生产准备

根据项目特征和需求,考虑到预制构件厂的生产效率和成本,首先需编制生产计划和合理配置资源;其次,对预制梁的各项生产工艺进行技术交底,如材料采购与验收、混凝土配合比要求、模具组装与脱模方案、钢筋骨架制作与入模、预埋件固定、混凝土浇筑与养护方案、吊具使用、构件表面修补方案、构件存放、运输方案、成品保护措施等;最后对预制构件制作图进行会审,主要包括制作允许误差、模具图、配筋图等,熟悉施工图纸,了解预制梁的信息。

4.1.3 预制梁模具组装(图 4.1.2)

对预制梁生产模台和模具进行清理作业,然后按"先内模再外模最后边模、先下后上"的顺序组装预制梁模具。对于特殊部位,要求钢筋笼或钢筋、预埋件先入模后组装。模具组装时,需注意模具各接触面平整度(是否存在变形)、拼接缝隙整齐度、相邻模具连接可靠度、几何尺寸等是否满足项目生产相关要求。模具组装完毕并校正后固定预制梁模具于生产模台上,随后在预制梁模具表面均匀涂刷水性或蜡质脱模剂,若预制梁端部需制作水洗粗糙面,则另需在端部模具均匀涂刷缓凝剂。

图 4.1.2 预制梁模具组装

4.1.4 预制梁钢筋骨架制作与安装(图 4.1.3、图 4.1.4)

预制梁中各钢筋必须严格按构件加工图中钢筋表要求制作,一般采用数控钢筋下料机切断。部分钢筋需满足弯曲成型的要求,例如:

(1)纵向受力钢筋

当钢筋端部需做不大于 90°的弯折时,弯折处弯折内直径不应小于钢筋直径的 5 倍;当钢筋端部需做 135°的弯钩时,HRB400 级钢筋的弯弧内直径不应小于钢筋直径的 4 倍,且弯钩平直长度应符合设计要求。

(2)箍筋

除焊接封闭环式箍筋外,一般箍筋末端应做弯钩,且弯钩应满足设计要求。当设计无具体要求时,应符合 22G101 图集中的规定。

钢筋准确下料完毕后,按构件加工图中预制梁配筋图要求进行绑扎预制梁钢筋骨架,宜采用专用钢筋定位件,确保钢筋骨架尺寸准确。绑扎时一般采用镀锌扎丝双丝,一面顺口或十字交叉绑扎法。保护层垫块宜采用塑料类垫块,且应与钢筋骨架绑扎牢固;垫块按梅花状布置,间距应满足钢筋限位及控制变形的要求。钢筋骨架绑扎完毕后,应进行验收,主要检查钢筋成品尺寸是否符合允许误差要求。

预制梁钢筋骨架在吊装时应采用多吊点的专用吊具,防止骨架变形。当钢筋骨架入模时应确保钢筋平直、无损伤,且表面不得有油污或锈蚀。同时,应按构件加工图安装好预埋件,且应满足预埋件安装要求。预制梁表面的预埋件或预留孔洞等应按构件模板图进行配置,且应满足预制构件吊装、制作工况下的安全性、耐久性和稳定性。预制梁钢筋骨架入模后应对模具进行加固以及端模孔洞封堵。

图 4.1.3　预制梁钢筋骨架

图 4.1.4　预制梁钢筋骨架入模

4.1.5　预制梁混凝土浇筑(图 4.1.5)

在混凝土浇筑前应进行预制梁的隐蔽工程检查,检查项目应至少包括以下内容:①钢筋的标号、规格、数量、位置、间距等;②预制梁纵向受力钢筋、箍筋、弯起钢筋、架立筋的标号、规格、数量、位置、间距、箍筋弯钩的弯折角度及平直段长度;③预埋件、吊环的规格、数量、位置等;④混凝土保护层厚度;⑤预埋管线、线盒的规格、数量、位置及固定措施。

图 4.1.5　预制梁混凝土浇筑

按照生产计划确定混凝土用量并搅拌混凝土，混凝土浇筑前应进行坍落度测试，混凝土拌合物坍落度符合允许偏差要求后方可进行浇筑。混凝土浇筑时，应按照混凝土试验室要求预留适当数量的试块，且应注意对钢筋骨架及预埋件的保护，浇筑厚度宜使用专用工具测量严格控制。采用分层浇筑方法，同时应采用插入式振捣棒充分振捣，插入间距不大于振捣棒作用部分长度的 1.25 倍；上层振捣时，振捣棒应插入下层 3～5cm，避免出现漏振、过振导致的蜂窝、麻面等质量缺陷现象；振捣时，尽量避免碰撞预埋件、预埋螺栓，防止预埋件移位。浇筑完成后，预制梁上表面需进行收光抹面，收面前需校核混凝土表面标高；其次进拉毛处理，并检查外露钢筋及预埋件。浇筑时洒落的混凝土应及时清理。

4.1.6　预制梁构件养护

混凝土养护可采用覆盖浇水和塑料薄膜覆盖的自然养护、化学保护膜养护以及蒸汽养护等方法。考虑到生产效率，预制梁一般宜采用蒸汽养护方式。蒸汽养护应严格遵循制订的养护制度，预养时间宜为 1～3h，升温速率应为 10～20℃/h，降温速率不应大于 10℃/h。当预制梁为较大构件时，养护温度为 40℃，持续养护时间应不小于 4h。构件脱模后，当混凝土表面温度和环境温差较大时，应立即覆膜养护。

养护过程中应注意以下事项：

（1）夏季或日均气温高于 24℃，预制梁可以进行自然养护。

（2）当温度过低，混凝土完成扫面后需蒸汽养护时，开启蒸汽炉并控制蒸汽炉热供应量，进行恒温养护，达到养护时间后关闭蒸汽，进行自然降温。

（3）预制梁存留混凝土试块需与预制梁同条件养护。

4.1.7　预制梁脱模与修补

预制梁经蒸汽养护后，蒸养罩内外温差小于 20℃时方可进行拆模作业。预制梁拆模应严格按照"自上而下、先外后内、先装后拆"原则拆除模具，较为重型的部位应当采用机械设备辅助，不得使用振动方式拆模，注意保护棱角。构件拆卸过程中，严禁交叉作业，避免模具掉下砸伤；较大模具需两人及以上拆卸，拆卸过程相互配合，避免砸伤等事故发生。拆卸模具作业人员思想高度集中、用力均匀，尤其注意脚下位置。构件拆模后，应仔细检查，确认构件与模具之间的连接部分完全拆除后方可起吊。

预制构件拆模起吊前，应根据设计要求或具体生产条件确定所需的混凝土试块标准立方体抗压强度，脱模时混凝土强度应不小于 15MPa。起吊时，混凝土强度不应小于 30MPa；对于预应力预制构件及拆模后需要移动的预制构件，拆模时，同条件制作的混凝土立方体抗压强度应不小于混凝土设计强度的 75%。构件脱模后，存在不影响结构性能的钢筋、预埋件或者连接件锚固的局部破损和构件表面的非受力裂缝时，可用修补浆料进行表面修补后使用。

4.1.8　预制梁验收（图 4.1.6）

装配式混凝土结构中，预制构件检验是保证主体结构质量安全的关键。预制梁的检验主要包含原材料检验、隐蔽工程检验、成品检验三部分。

预制梁存放入库前应进行成品质量验收，其检查项目包括预制构件的外观质量、预制构件的外形尺寸、预制构件的钢筋、连接套筒、预埋件、预留孔洞，其检查结果和方法应符合现行国家标准的规定。

4.1.9 预制梁标识

预制梁验收合格后，应在明显部位标识构件型号、生产日期和质量验收合格标志。预制构件脱模后应在其表面醒目位置按构件设计制作图规定对每个构件编码。预制构件生产企业应按照有关标准规定或合同要求，对其供应的产品签发产品质量证明书，明确重要参数，有特殊要求的产品还应提供安装说明书。

4.1.10 预制梁制作任务

1. 熟悉任务

熟悉图4.1.7预制梁模板图和配筋图。

图4.1.6 预制梁验收

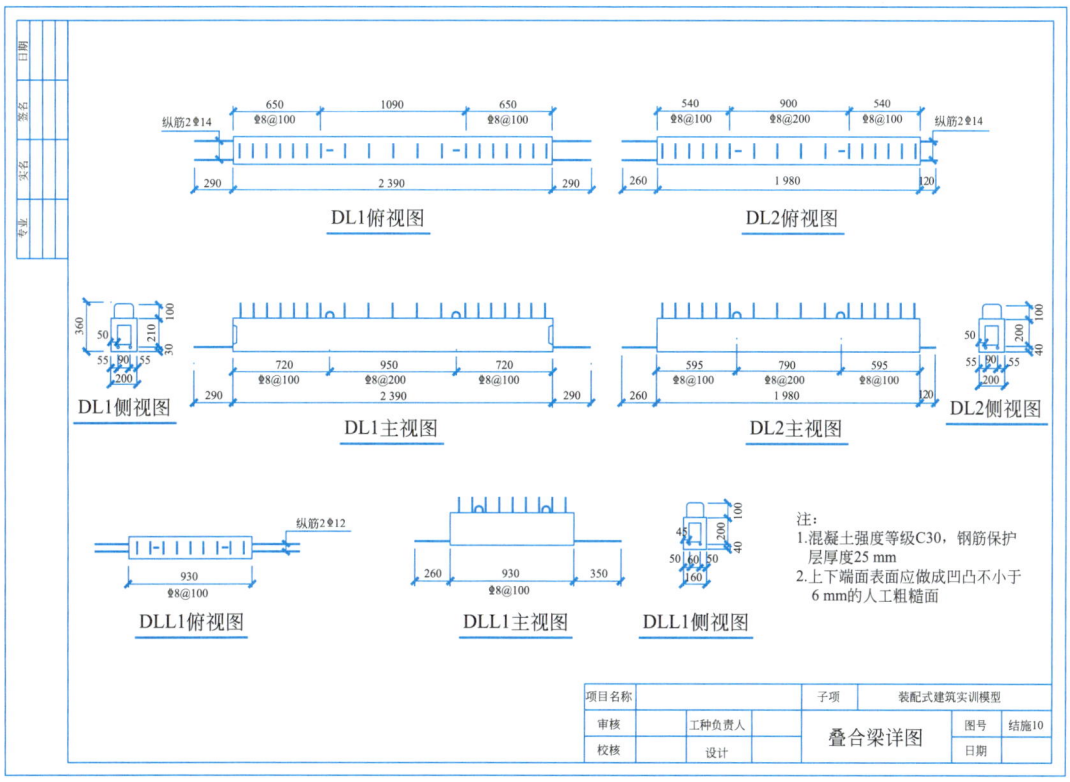

图4.1.7 预制梁模板图和配筋图

2. 任务实施

预制梁模板和钢筋骨架制作与安装工作中，根据岗位角色与任务分工完成学生任务分配表，并填写安全与施工技术交底内容（表4.1.1）。

81

学生任务分配表 表 4.1.1

组号		组长		指导教师	
组员	姓名		岗位角色与任务分工		
安全与施工技术交底内容					

注：此表可续。

任务 4.2　预制梁吊装

用塔式起重机将叠合梁从堆场（或运输车辆）吊运至安装位置安装，核心任务包括作业准备和吊装作业，延伸任务包括构件进场检验、构件堆放和运输，在完成核心任务和延伸任务过程中应落实质量管理、安全管理和文明作业要求。

4.2.1　作业准备

1. 人员准备

作业团队一般包括 8 人，分别是：塔式起重机司机 1 名、楼面指挥员（通常兼班组长）1 名、构件装配工 4 名、地面堆场（或运输车辆）处指挥员（以下简称地面指挥员）1 名，构件装配工（地面）1 名。其中，楼面 4 名构件装配工细分岗位为挂钩员 1 名、测量员 1 名、安装员 2 名。

根据实际情况，楼面也可安排 4 人，其中楼面指挥员 1 名、测量员 1 名、挂钩员 1 名、安装员 1 名。

2. 图纸准备

通常，作业团队在接受施工员组织的质量技术交底时，取得构件楼层平面布置图等图纸，由楼面指挥员负责保管。图例见附图。

3. 工器具准备

各岗位作业人员根据职责分工负责准备，相关岗位作业人员予以协助，工器具名称、数量、责任人见表 4.2.1。

预制梁吊装工器具准备　　　　　　　　表 4.2.1

序号	类型	名称	数量	规格型号	示意图	责任人	备注
1	安全防护用品	袖章	2个	常规		楼面指挥员、地面指挥员	
2		安全带	8条	安全带脱卸式双挂钩,且单条挂钩长度为2m		全体人员	
3	安全防护用品	反光衣	8件	符合国家施工现场劳保用品使用要求		全体人员	
4		手套	8副	符合国家施工现场劳保用品使用要求	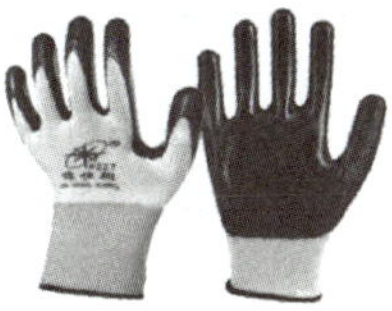	全体人员	
5		警示带及支架	若干	符合国家要求		楼面指挥员、地面指挥员	
6		对讲机	3台	—		塔式起重机司机、楼面指挥员、地面指挥员	
7	工具仪器	平衡梁	1套	根据预制构件实际情况进行选择	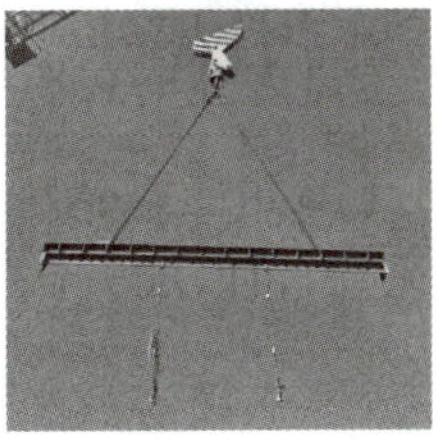	挂钩员、装配工（地面）	根据施工现场实际情况配置
8		吊索	4条	根据预制构件实际情况进行选择		挂钩员、装配工（地面）	

83

续表

序号	类型	名称	数量	规格型号	示意图	责任人	备注
9	工具仪器	卸扣	6个	根据预制构件实际情况进行选择		挂钩员、装配工（地面）	
10		撬棍	2根	1.5m、1.2m各1根		安装员	
11		锤子	2个	6磅或羊角锤		安装员	
12		电动扳手	2套	锂电池款		安装员	
13		牵引绳	4条	—		挂钩员、装配工（地面）	
14		水平仪	1台	五线		测量员	复核架体实际标高
15		棉线	1卷	—		测量员	
16		卷尺	1把	5m		测量员	

续表

序号	类型	名称	数量	规格型号	示意图	责任人	备注
17	工具仪器	笔	若干	—		测量员	
18		A4纸	若干	—		测量员	
19		墨斗	1个	—		测量员	
20		粉笔	若干	—		测量员	
21		手持式砂轮机	1台	—		安装员	根据施工现场实际情况配置

4．起重设备准备

塔式起重机司机负责、地面指挥员和楼面指挥员配合，做好塔式起重机吊运前准备工作。

5．构配件准备

安装员、构件装配工（地面）负责准备叠合底梁。安装员、构件装配工（地面）在准备叠合底梁时，要检查是否完成了构件进场检验工序，没有进行构件进场检验的，应当先进行构件进场检验，再进入本环节。对于进场检验合格后堆放在地面的叠合底梁，要针对堆放可能引起预制构件变形的项目进行复核。

6．安装位置准备

（1）测量员和安装员负责检查叠合底梁支撑体系；确保安全可靠，无吊装障碍物，无灰浆残渣、垃圾碎块等建筑垃圾（安装员负责）；确保叠合底梁支承点标高符合要求（测量员负责）。

(2) 测量员负责在安装位置画出边线控制线（通常 4 条，尽可能在结构构件上划线，不能在结构构件上划线的，才在支撑体系上划线）。

(3) 注意清除吊运路径上的模板、外架等材料。同时，叠合底梁两端预留钢筋与相邻构件预留钢筋发生碰撞的要进行处理。

7. 确定吊装路径

吊装路径包括吊运构件路径（包括在构件堆放处起吊、空中运输、对准就位的路径以及构件在空中的姿态）和作业人员站位、移动路径等，由楼面指挥员负责。

8. 作业环境准备

确保构件吊运过程中无障碍，设置安全作业区（原则上用警示带标识），由楼面指挥员负责，地面指挥员协助。

4.2.2 吊装作业

1. 作业流程（图 4.2.1）

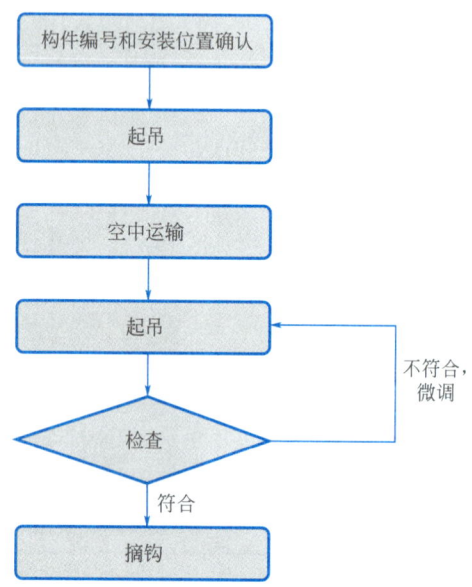

图 4.2.1　预制梁吊装作业流程图

2. 构件编号和安装位置确认

楼面指挥员和地面指挥员负责，对照图纸确认需要吊装的预制构件的编号、安装位置及方向等信息，避免张冠李戴。

3. 起吊

预制叠合底梁应堆放在现场指定堆场区域，集中堆放（图 4.2.2）；在吊装之前需检查预制叠合底梁的编号（图 4.2.3）避免吊错构件；在两个吊点上安装好卸扣、吊绳，在预制构件上套好两条牵引绳，将吊绳挂在吊钩上（注意吊绳要处于吊钩中央），进行试吊（将叠合底梁吊离地面 200~30mm 时暂停，观察叠合底梁是否下坠、是否平衡、吊具连接是否牢靠，若无上述问题，即为试吊成功）；未发现问题，则正式起吊（图 4.2.4）。正式起吊时，注意扶住预制构件，预制构件距地面 1m 左右时彻底松手，避免预制构件在空中旋转。

项目4 预制梁生产与施工

图4.2.2 预制梁堆放

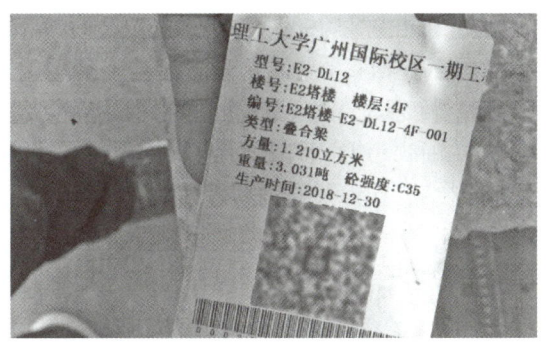

图4.2.3 预制梁标签

4. 空中运输

在吊运过程中，预制叠合底梁底部超过外架或爬架后，方可较大幅度旋转塔式起重机（图4.2.5）。

图4.2.4 预制梁安全平衡起吊

图4.2.5 塔式起重机高空旋转预制梁运输至指定方位

5. 对位安装及检查

叠合底梁吊装到安装位置附近后，慢慢下落至安装位置上方约1m时暂停，人工扶住叠合底梁（图4.2.6），使用塔式起重机慢就位功能（用慢就位系统操作或点动）。安装员用手扶住预制构件，让预制构件外轮廓线与安装位置结合面边线控制线对准就位，让预制构件下表面稳稳支撑在梁底支撑上，尽可能保证预制构件就位后外轮廓线与安装位置结合面边线控制线对齐并且不发生扭转（有关标准见附件二）。预制构件就位后，经检查发现不符合以上要求的，须采用撬棍撬动进行微调（图4.2.7）（使用撬棍时，注意选好着力点，保护好预制构件混凝土面，撬棍扁的一面要与预制构件全面接触）。

图4.2.6 预制梁到达安全高度进行扶梁作业

图4.2.7 微调预制梁

87

6. 摘钩

叠合底梁两端各安排一个安装员同时取下吊钩（图4.2.8），将吊绳从吊钩上取下，拆掉卸扣，将卸扣安装在吊索上，同时拆掉牵引绳并套在吊索上，起升塔式起重机吊钩，使吊索、卸扣和牵引绳等离开预制构件（此过程需注意防范吊具和牵引绳绊在预制构件上或相互碰撞）；继续吊装下一个预制构件，或将吊钩下落地面，然后将吊索、卸扣和牵引绳收起来放好。

图4.2.8 取钩

4.2.3 安全管理和文明作业要求

（1）接受安全技术交底，并予以遵循。

（2）遵循吊装安全管理一般要求。

（3）在扶持叠合底梁就位时，特别注意防范叠合底梁挤压手。

（4）使用非自己准备的工器具，在使用完后，应即刻交给负责准备工器具的责任人员保管，防止工具遗失或高空坠落伤人。

（5）任务完成后，构配件、工器具、设备、安装位置等复归原位，清理干净，养成工完场清的习惯。

4.2.4 质量管理要求

（1）接受质量技术交底，并予以遵循。

（2）选择有代表性的单元板块进行试安装，并根据试安装结果及时调整完善吊装方案和施工工艺。

（3）使用撬棍微调时，注意选好着力点，撬棍扁的一面要与构件全面贴合，保护好构件混凝土面。

（4）不得对预制构件进行切割、开洞。

（5）对预制构件上的预埋件应采取保护措施。

（6）对照《预制构件安装与连接检验批质量验收记录表》（见附件二），确保预制构件位置、标高、相邻构件底面平整度、搁置长度在允许偏差之内。

4.2.5 预制梁吊装操作任务训练

（一）训练任务

1. 训练组织

1个教学班组5名学员，3个教学班组组成教学大组。教练组（1名教练和1名助理教练）负责1个教学大组训练。在教练组指导下，1个教学班组进行作业准备、吊装作业、预制构件进场检验操练，其他教学班组观摩、温习有关知识等。各个教学班组轮流操练。

2. 训练内容

在教练组指导下，1个教学班组在实训基地工位上通过使用塔式起重机装配预制构件（实训基地配置1名塔式起重机司机，1名起吊信号工，配合操作塔式起重机。教学班组指挥员刚开始通过起吊信号工指挥塔式起重机司机，逐步过渡到直接指挥塔式起重机司机）。按照岗位分工并轮换岗位，反复训练达到15min完成装配任务的目标。

(1) 构配件。见附图—结施10叠合梁详图。

(2) 安装位置。见附图—结施01结构平面布置图。

(3) 起重设备。具备含有无级变速功能，额定力矩在120t·m以上的塔式起重机。

(4) 工器具。与本任务"一、施工实际""（二）作业准备""3. 工器具准备"部分相同。

(二) 作业准备训练

1. 人员准备训练

(1) 岗位分工。对1个教学班组5名学员，细分岗位为指挥（兼班组长）1名、挂钩员1名、测量员1名、安装员2名（分别负责构件一侧），岗位职责见《构件装配班组岗位分工表》（附件三）。

(2) 班前会议。在吊装作业训练前，进行班前会议，讲解吊装方案，明确岗位分工和操作要领，强调安全隐患、防范措施及有关注意事项。

(3) 注意事项。5名学员都戴上岗位（指挥员、挂钩员、测量员、安装员A、安装员B）胸牌和背码，以强化学员角色感知。

2. 作业条件和方法准备训练

(1) 按照岗位分工，确定吊装路径，进行构配件、工器具、安装位置、作业环境准备；在指挥员的主持下，集体确认准备工作完成。达到5min全面完成准备工作的目标。

(2) 基本知识训练。在吊装作业训练时，观摩的教学班组温习以下知识，教练在吊装作业训练过程中穿插讲解，以加深记忆。

① 本任务使用的钢丝绳在使用过程中出现下列哪些问题，就应该按照《起重机 钢丝绳 保养、维护、检验和报废》GB/T 5972—2023 相关标准进行相关检验工作，并根据损坏情况考虑报废？

☐钢丝绳的安全使用判定标准　☑断丝的性质和数量　☑绳端断丝
☑断丝局部聚集　☑断丝的增加率　☑绳股断裂
☑绳径减小，包括因绳芯损坏所致的情况　☑弹性降低
☑外部和内部磨损　☑外部和内部锈蚀　☑变形
☐由于受热或电弧的作用引起的损坏　☐永久伸长率　☐其他

② 卸扣是连接吊点与钢丝绳的连接工具，卸扣要正确地支撑着荷载，本任务在操作过程中出现下列哪些情况要考虑报废卸扣？

☑表面有裂纹　☑本体扭曲达10%　☑表面磨损达10%
☑横销不能闭锁　☑横销变形达原尺寸5%　☑螺栓坏死或滑牙等
☐其他

③ 本任务除了上述吊装机具外，还需选用的吊装机具有<u>起重机</u>、<u>钢丝绳</u>、<u>吊索</u>、<u>卸扣</u>。

④ 每次吊装预制构件前，都要对吊具进行检查，主要包括：

☑钢丝绳是否有磨损　　☑吊环安装装置是否锁死

☑初次使用时需检查钢梁的螺栓是否合格

☐其他

⑤ 为了有效地控制钢筋位置的准确性，需要采用的工具有：

☑钢筋　　☑角钢　　☑钢管　　☑钢筋定位板　　☐其他

3. 识图训练

以1个教学班组为单位，就本任务"一、施工实际""（二）作业准备""2. 图纸准备"中的图例和"二、真实训练""（一）训练任务"中的图例为内容，讲解识图基本知识、方法和要领，让教学班组集体学习掌握，同时指定教学班组一名学员作为识图任务负责人，保证班组内学员人人识图过关。

（三）吊装作业训练

教学大组全体学员先看吊装作业视频，了解装配作业工艺流程，教练组作必要的讲解示范后，学员开始操练。教练组要反复强调团队协作要求：一切行动听指挥，测量员和挂钩员搭档，两个安装员搭档。

教练组要关注每一个学员的站位、移动路径和操作手法等，对不规范动作进行纠正，达到个人独立完成本岗位操作、团队高效协作的目标。

（四）构件进场检验训练

1. 基本知识

要求指挥员负责，组织本班组学员在观摩其他班组操练的同时学习以下知识，并由教练组在吊装作业训练过程中进行穿插讲解。

（1）对于本任务首批进场的预制构件，必须对照《装配式结构预制构件检验批质量验收记录表》（见附件一）进行一般项目的全数检查，对每一预制构件每一项目检验合格的，为检验合格。对于本任务后续进场的预制构件，进场数量不超过<u>100</u>件为一批次，每批次应随机抽查预制构件数量的<u>5%</u>（填百分比），且不少于<u>3</u>件，所抽查预制构件每一项目检验合格的，为检验合格。

（2）本任务预制构件检查的一般项目包括下列哪些项目？

☑长、宽、厚、高、对角线差值

☑侧向弯曲、表面平整度偏差

☐预埋件检查　　☐灌浆孔检查

☐裂缝、破损处理　　☐其他<u>主筋保护层厚度、主筋外留长度</u>

（3）本任务预制构件在进场检查过程中发现下列情况需要作废弃处理的是：

☑影响结构性能且不能恢复的裂缝

☑影响钢筋、连接件、预埋件锚固的裂缝

☑影响结构性能且不能恢复的破损

☑影响钢筋、连接件、预埋件锚固的破损

☑裂缝宽度大于等于0.3mm，且裂缝长度超过300mm

☐其他

2. 实操训练

对于仿真构件和真实构件，在教学班组进行作业准备后吊装作业前安排学员3人一组进行检查（对于测量项目原则上两人测量，一人记录），填写《装配式结构预制构件检验批质量验收记录表》（附件一）。通过实地检查，加深学员记忆。

（五）构件堆放和运输训练

安排学员在观摩其他班组操练的同时温习本任务"一、施工实际""（五）构件堆放和运输"部分知识和以下知识，由教练组在吊装作业训练过程中进行穿插讲解，以加深记忆。

本任务预制构件堆放场地应满足下要求：

☑ 预制构件进场前，应绘制预制构件堆放平面布置示意图
☑ 堆放场地应平整、坚实，并应有排水措施
☑ 预制构件存放位置应在起吊设备覆盖范围内，避免二次倒运
☑ 存放时应按吊装顺序、规格、品种、所属楼栋号等分区存放
☑ 存放预制构件之间宜设宽度为0.8～1.2m的通道
☐ 其他

（六）安全和文明作业管理训练

（1）在作业准备和吊装作业训练中，要强化指挥员的安全管理意识，要求其在指挥团队作业过程中，密切关注装配过程中的安全状态，做到"不安全不作业"，要眼观六路，耳听八方，不到万不得已，不帮助其他组员做具体事务。

（2）要求指挥员负责，组织本班组学员在观摩其他班组操练的同时学习"一、施工实际""（六）安全管理和文明作业要求"内容；教练组在吊装作业训练过程中进行穿插讲解。

（3）教练组要及时指出吊装作业过程中的安全问题，督促教学班组及学员落实"一、施工实际""（六）安全管理和文明作业要求"有关内容。

（4）要不断强调职业素养训练中安全意识的核心要义——"小心"（小心驶得万年船）。

（七）质量管理训练

（1）要求指挥员负责，组织本班组学员在观摩其他班组操练的同时学习"一、施工实际""（七）质量管理要求"内容；教练组在吊装作业训练过程中进行穿插讲解，直至学员熟练记忆。

（2）要求学员不断总结，力争将预制构件一次性准确就位，深入掌握微调技巧。

（3）正确熟练使用撬棍，避免损坏预制构件。

（4）要不断强调职业素养训练中质量意识的核心要义——"标准意识"（质量就是符合标准要求）。

（八）其他

1个教学大组本项任务训练结束时，各个学员要分别就岗位、团队训练等方面谈感受、体会、存在的问题、改进的建议等，最后教练进行总结讲评。

任务4.3 预制梁连接施工

核心任务包括作业准备和灌浆作业，延伸任务包括灌浆质量验收相关作业、灌浆料进场检验、灌浆料储存与保管，在完成核心任务和延伸任务过程中落实质量管理、安全管理

和文明作业要求。

4.3.1 作业准备

1. 人员准备

作业团队一般包括3人,岗位设置为:灌浆员1名(通常兼班组长)、备料员1名、封堵员1名。

2. 明确作业任务

作业团队(通常由班组长代表)接受施工员的作业任务和质量安全技术交底,并按岗位细化工作职责和要求。

3. 灌浆工位准备

检查预制叠合底梁灌浆腔,确保符合要求。

4. 工器具准备

各岗位作业人员根据职责分工负责准备,相关岗位作业人员予以协助,工器具名称、数量、责任人见表4.3.1。

预制梁底纵向受力钢筋连接所需工器具　　　　　表4.3.1

序号	类型	名称	数量	规格型号	示意图	责任人	备注
1	灌浆工具	手动灌浆枪	2	—		灌浆员	
2		胶塞	500	灌浆套筒厂家配套		封堵员	
3	灌浆料拌合物制作	专用搅拌机	2	功率:1 200～1 400W 转速:0～800rpm(注:转速可调)		备料员	
4		电子秤	1台	称重30～50kg,误差:0.01kg		备料员	

续表

序号	类型	名称	数量	规格型号	示意图	责任人	备注
5	灌浆料拌合物制作	量杯	2个	2L、5L 带刻度		备料员	
6		不锈钢制浆桶	3个	直径 300mm、高度 400mm、平底		备料员	
7		蓄水桶	1个	50L		备料员	
8	检测工具	圆截锥试模	1	70mm×100mm×100mm,等		备料员	
9		钢化玻璃板	1	6mm×500mm×500mm		备料员	
10		抗压强度检测试件模	3套	40mm×40mm×160mm		备料员	
11		卷尺	1把	5m		备料员	

续表

序号	类型	名称	数量	规格型号	示意图	责任人	备注
12	其他工具	灰刀	2把	—		备料员	
13		抹布	5条	—		备料员	
14		数码相机	1台	带摄像功能		质量员	
15		铁钩	2个	小于出浆孔		封堵员	
16		套筒抗拉强度试件架	1套	—		封堵员	进行灌浆套筒连接接头拉拔试验时使用
		套筒、钢筋	若干				
17		锤子	1个			封堵员	用来锤紧胶塞
18		记录表				备料员	
19	其他工具	笔	若干	—		备料员	

项目4 预制梁生产与施工

5. 材料准备

准备灌浆料和水。备料员在准备材料时，要确定使用批次的灌浆料已检验合格，没有进行灌浆料进场检验工序的，应当先进行灌浆料进场检验，再进入本环节。

6. 作业环境准备

确保环境温度符合灌浆料产品使用说明书要求（环境温度低于5℃时不得施工，环境温度低于10℃时应采取保温加热措施；环境温度高于35℃时，应采取降低灌浆料拌合物温度的措施）。排除影响灌浆操作的障碍物。

4.3.2 灌浆作业

1. 灌浆作业流程（图4.3.1）

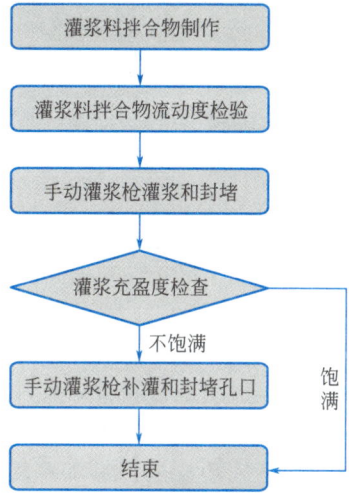

图4.3.1 灌浆作业流程图

2. 灌浆料拌合物制作

备料员严格按本批灌浆料出厂检验报告要求的水料比（比如11%，即为11g水+100g干料），用电子秤和量杯分别称量灌浆料和水，按照以下流程制作灌浆料拌合物。如图4.3.2所示。

(a)

(b)

图4.3.2 灌浆料拌合物制作

将全部用水倒入不锈钢制浆桶→加入约 70% 的灌浆料→用专用搅拌机搅拌 1~2min 至大致均匀→加入约 30% 的灌浆料→用专用搅拌机搅拌 3~4min 至大致均匀→静置 2~3min 让灌浆料拌合物中的气泡自然排出。

3. 灌浆料拌合物流动度检验

灌浆料拌合物流动度检验是判断灌浆料拌合物是否合格的重要指标，初始流动度值不得低于 300mm，不得大于 350mm，30min 时流动度值不得低于 260mm。灌浆料拌合物流动度不符合要求的，不得使用。流动度检验如图 4.3.3 所示。

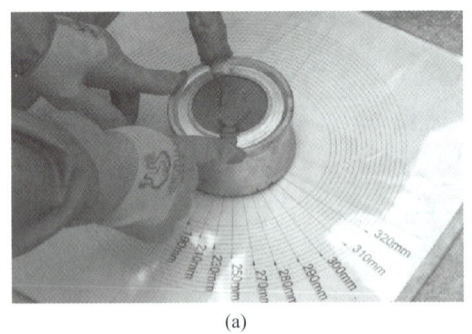
(a)

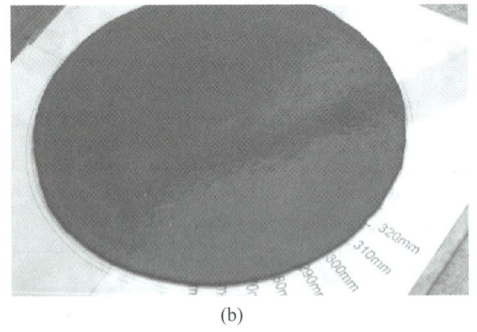
(b)

图 4.3.3　灌浆料拌合物流动度检验

4. 手动灌浆枪灌浆和封堵

（1）手动灌浆枪加料。手动灌浆枪加料时将灌浆枪倒置，拆除灌浆枪头再手动填充灌浆料拌合物，灌浆料拌合物填充完毕，挤压灌浆料拌合物流出枪嘴，确保浆料填充饱满。

（2）灌浆。用手动灌浆枪从套筒的一个孔口向套筒内灌浆（图 4.3.4），至浆料从套筒另一孔口饱满流出为止。灌浆后检查套筒两端是否漏浆并及时处理。

每个套筒逐一灌浆，灌浆料拌合物应从制作完成开始计时，25min 内使用完毕，灌浆过程中应尽量保留一定的操作应急时间。

（3）灌浆后灌浆料拌合物同条件养护试块强度达到 35MPa 后方可进行封模等后续施工，施工过程中严禁在套筒灌浆连接上方堆放荷载、悬挂荷载和敲击踩动（图 4.3.5）。

图 4.3.4　灌浆枪插入注浆孔进行灌浆作业

图 4.3.5　严禁在套筒灌浆连接上方堆放荷载、悬挂荷载和敲击踩动

5. 灌浆充盈度检查

在灌浆料拌合物初凝后（4h左右）拔出全部胶塞，检查灌浆料拌合物是否饱满。

6. 手动灌浆枪补灌和封堵孔口

进行灌浆充盈度检查时，发现有孔口灌浆不饱满的，则采用手动灌浆枪补灌，确保灌浆料拌合物饱满，并封堵孔口。

4.3.3 施工质量验收相关作业

1. 制作灌浆料拌合物试件

根据《钢筋套筒灌浆连接应用技术规程》JGJ 355—2015 规定，在施工现场以每层为一检验批；每工作班应制作不少于 3 组 40mm×40mm×160mm 的长方体试件，分别养护 1d、3d、28d 进行抗压强度试验；性能指标分别不低于 35MPa、60MPa、85MPa。如图 4.3.6 所示。

图 4.3.6　灌浆料拌合物强度试件留置示意图

2. 制作钢筋套筒连接接头试件

对于同一类钢筋套筒连接接头（即同一规格钢筋、同一规格套筒），每 500 个为一个检验批，制作不少于 3 个套筒灌浆连接接头进行抗拉拔试验。制作方法如下：

（1）接头试件的钢筋应插入灌浆套筒中心，并应与灌浆套筒轴线重合或平行。

（2）接头试件的钢筋在灌浆套筒插入深度应为灌浆套筒的设计锚固深度，一般不宜小于插入钢筋公称直径的 8 倍。

（3）接头试件按照规范标准的规定进行灌浆作业。

（4）接头试件及灌浆料试件应在标准养护条件下养护。

4.3.4 灌浆料进场检验

查验收存型式检验报告、使用说明书、出厂检验报告（或产品合格证）等，制作灌浆料拌合物试件进行强度检验，制作钢筋套筒连接接头进行抗拉拔试验。全部符合要求的，进场检验合格。

4.3.5 灌浆料储存与保管

灌浆料的储存应设置专用仓库保管，尽量做到恒温恒湿，灌浆料进场后应在 1 个月内使用完毕，超过2个月的不得使用。

4.3.6 安全管理和文明作业要求

1. 在使用灌浆枪灌浆时，避免灌浆枪对着人的眼睛，防止造成眼睛伤害。
2. 任务完成后，材料、设备、工器具等复归原位，清洗干净，工完场清。

4.3.7 质量管理要求

1. 灌浆料拌合物拌制和灌浆的环境温度不宜低于10℃，不宜高于35℃。
2. 每次制作灌浆料拌合物完成后应及时使用，拌制完成30min后不得用作灌浆，也不得添加灌浆料、水后再次使用。
3. 灌浆料拌合物制作完成后，任何情况下不得加水。
4. 不得同时从两个孔口向灌浆腔内灌浆。
5. 对灌浆料拌合物制作、流动度检验、灌浆、试件制作等全过程进行视频拍摄，并填写《灌浆施工记录表》（见附件四）。
6. 灌浆后灌浆料拌合物试块强度达到35MPa后方可进行封模等后续施工，施工过程中严禁在套筒灌浆连接上方堆放荷载、悬挂荷载和敲击踩动。

4.3.8 灌浆操作任务训练

（一）训练任务

1. 训练组织

1个教学班组3名学员，3个教学班组组成教学大组。由教练组（1名教练和1名助理教练）组织1个教学大组进行操练。在教练组的指导下，1个教学班组进行操练，其他教学班组观摩、温习有关知识等；各个教学班组轮流操练。

2. 训练内容

在教练组指导下，1个教学班组在实训基地工位上按照岗位分工并轮换岗位，反复训练达到15min完成灌浆任务的目标。

（1）灌浆工位。为附图中ZPS-27：叠合底梁安装完成，形成了叠合底梁灌浆腔。
（2）工器具。见"一、施工实际""（二）作业准备""3. 工器具准备"列表。
（3）灌浆料和水。灌浆料质量要求详见工法楼图纸说明。

（二）作业准备训练

1. 人员准备训练

（1）岗位分工。将1个教学班组3名学员细分岗位为灌浆员（兼班组长）1名、备料员1名、封堵员1名。岗位职责见表4.3.2。

灌浆操作实训岗位职责表　　　　表4.3.2

灌浆员（1人）	1. 组织班前会议，讲解灌浆方案，明确岗位分工、操作要领、安全要求 2. 准备本岗位工器具 3. 检查确认安全作业环境（含设置作业区警戒线）和环境温度符合灌浆要求 4. 确认灌浆工位、灌浆料、水和工器具的准备情况 5. 指挥灌浆作业，与组员沟通并发出指令，保持与其他相关人员的协调沟通 6. 使用手动灌浆枪灌浆 7. 保持场地整洁，做到工完场清

续表

岗位	职责
备料员(1人)	1. 参加班前会议,掌握班组分工、操作要领和安全要求 2. 准备本岗位工器具 3. 准备灌浆料和水 4. 制备灌浆料拌合物 5. 向手动灌浆枪内加料 6. 进行灌浆料拌合物流动度检验 7. 制作灌浆料拌合物试件 8. 灌浆作业完成后,清洗工器具,做到工完场清 9. 完成灌浆员安排的其他工作任务
封堵员(1人)	1. 参加班前会议,掌握班组分工、操作要领和安全要求 2. 准备本岗位工器具 3. 灌浆前对灌浆孔口进行检查和清理,确保灌浆畅通 4. 正确判断孔口出浆状态及适时用胶塞堵塞出浆口 5. 保持场地整洁,工完场清 6. 填写施工记录表 7. 协助备料员完成备料工作任务 8. 完成灌浆员安排的其他工作任务

（2）班前会议。进行班前会议，讲解灌浆方案，明确岗位分工和操作要领，提醒质量通病、安全隐患和防范措施。

2. 作业条件准备训练

按照岗位分工，进行灌浆工位、灌浆料、水、工器具和作业环境准备，并在灌浆员的主持下，集体确认准备工作完成。达到 5min 全面完成准备工作的目标。

3. 基本知识训练

观摩的教学班组温习以下知识，教练穿插讲解，以加深记忆。

① 在标准温度和湿度条件下，灌浆料主要检查项目有：
☑初始流动度　　☑30min 流动度　　☑氯离子含量　　☑泌水率
☑1d 抗压强度　　☑3d 抗压强度　　☑28d 抗压强度
☑3h 竖向膨胀率　☑24h 与 3h 竖向膨胀率的差值
☑灌浆料应与钢筋套筒匹配使用，钢筋套筒灌浆连接接头应符合《钢筋机械连接技术规程》JGJ 107—2016 中 I 级接头的规定

② 下列哪些情况出现时，灌浆料应进行型式检验？
☑新产品的定型鉴定
☑正式生产后如材料及工艺有较大变动，有可能影响产品质量
☑停产半年以上恢复生产时
☑型式检验超过两年时

③ 施工现场，灌浆料的保存：
☑宜储存在室内
☑采取有效的防雨、防潮、防晒措施
☑使用时应检查有效期和产品的外观

④ 对于灌浆料拌合物制作，下列说法正确的是：
☑必须采用经过接头型式检验，并在构件厂检验套筒强度时配套的接头专用灌浆材料

☑JM配套灌浆料型号是CGMJM-Ⅵ泵送型

☑严禁使用未经接头型式检验的灌浆材料

☑严格按本批产品出厂检验报告要求的水料比（比如11％，即为11g水＋100g灌浆料）

☑用电子秤和刻度量杯分别称量灌浆料和水

☑灌浆料制作完成后，任何情况下不得加水

⑤ 请给灌浆料制作的下列工序排序：

☑将水倒入搅拌桶

☑加入约70％的灌浆料

☑用专用搅拌机搅拌1～2min至大致均匀

☑加入约30％的灌浆料

☑用专用搅拌机搅拌3～4min至大致均匀

☑静置2～3min

⑥ 流动度检验：

☑灌浆料拌合物初始流动度值不得低于300mm，不大于350mm；30min时流动度值不得低于260mm

☑一般情况下，圆截锥试模尺寸上口×下口×高为：70mm×100mm×100mm；钢化玻璃板尺寸长×宽×高：6mm×500mm×500mm

☑对于每一条叠合底梁，应检查灌浆料拌合物初始流动度不少于1次，确认合格后方可用于灌浆；留置灌浆料拌合物试件的数量应符合验收及施工控制要求

(三) 灌浆作业训练

1. 训练内容

包括"一、施工实际""（三）灌浆作业"的全部内容。

2. 训练要领

教学大组全体学员先看灌浆作业视频，了解灌浆作业工艺流程，教练组作必要的讲解示范后，学员开始操练。

教练组要关注每一个学员的操作手法，对不规范动作进行纠正，达成个人独立完成本岗位操作、团队协作高效的目标。实训过程中教练组应注意提醒学员质量通病和防范措施。

(四) 灌浆质量验收相关作业训练

在进行灌浆作业训练时，一并对备料员进行制作灌浆料拌合物试件训练，同时制作钢筋套筒连接接头试件。

(五) 灌浆料进场检验训练

（1）让学员温习"一、施工实际""（五）灌浆料进场检验"内容，教练穿插讲解，以加深记忆。

（2）在进行"二、训练指导""（二）作业准备训练""2.作业条件准备训练"时，将灌浆料进场检验查验和收存的证书材料供学员观摩。

(六) 灌浆料储存与保管训练

让学员温习"一、施工实际""（六）灌浆料储存与保管"内容，教练穿插讲解，以加深记忆。

(七)安全管理和文明作业要求训练

要求灌浆员负责,组织本班组学员在观摩教学大组中其他组操练时学习"一、施工实际""(七)安全管理和文明作业要求"内容。在进行灌浆作业训练时,要特别强调作业人员对其负责工器具的清洗清洁和对作业场地漏浆的清理。

(八)质量管理训练

(1) 要求灌浆员负责,组织本班组学员在观摩教学大组中其他组操练时学习"一、施工实际""(八)质量管理要求"内容;教练组在灌浆作业训练过程中进行穿插讲解,直至学员熟练记忆。

(2) 在灌浆作业训练时,不断提醒学员质量通病和防范措施。

(3) 着力训练封堵员对封堵时间点的判断力。

(4) 要不断强调职业素养训练中质量意识的核心要义——"标准意识"(质量就是符合标准要求)。

(九)其他

1个教学大组在本项任务训练结束时,要组织学员分别就岗位、团队训练谈感受、体会、存在的问题、改进的建议,教练进行总结讲评。

项目 5

预制叠合底板生产与施工

Chapter 05

9. 叠合板制作工艺流程

知识目标

1. 识读装配式预制构件混凝土板制作施工图。
2. 熟悉使用工具及设备。
3. 熟悉装配式预制构件混凝土板施工工序与制作要点。
4. 了解预制混凝土板质量验收要点。

能力目标

1. 掌握预制混凝土板模具拼装、钢筋骨架制作与安装、预埋件安装、混凝土浇筑方法。
2. 掌握预制混凝土板吊装和连接施工操作要点。
3. 掌握预制混凝土板质量验收要点。

素质目标

1. 培养爱岗敬业的职业素养与严谨的专业精神。
2. 培养工程生产高效优质的质量意识。
3. 具备精益求精的专业精神。

导读

- **基本要求**

熟悉预制叠合底板的基本知识,包括其定义、分类、应用范围和生产施工流程。掌握生产工艺,如原材料选择、模具设计、钢筋加工、混凝土制备及养护等环节。同时,精通施工技术,包括基础处理、模板和钢筋安装、混凝土浇筑及养护等步骤。确保预制叠合底板质量可靠,满足工程需求。

- **重点**

钢筋加工、模板和钢筋安装、预制叠合底板吊装、灌浆施工、混凝土浇筑及养护。

- **难点**

预制叠合底板吊装、灌浆施工、混凝土浇筑及养护。

项目 5 预制叠合底板生产与施工

任务 5.1 预制叠合底板生产

在钢筋混凝土叠合楼板的制作过程中，根据场地条件、构件的尺寸、实际需要等情况，分别采取流动模台法或固定模台法预制生产，并且所用生产设备应符合相关行业技术标准要求。构件生产企业应依据构件制作图进行预制构件的制作，并应根据预制构件型号、形状、重量等特点制订相应的工艺流程，明确质量要求和生产各阶段质量控制要点，编制完整的构件制作计划书，对预制构件生产全过程进行质量管理和计划管理。

10. 叠合板构件制作

5.1.1 预制叠合底板制作的工艺流程（图 5.1.1）

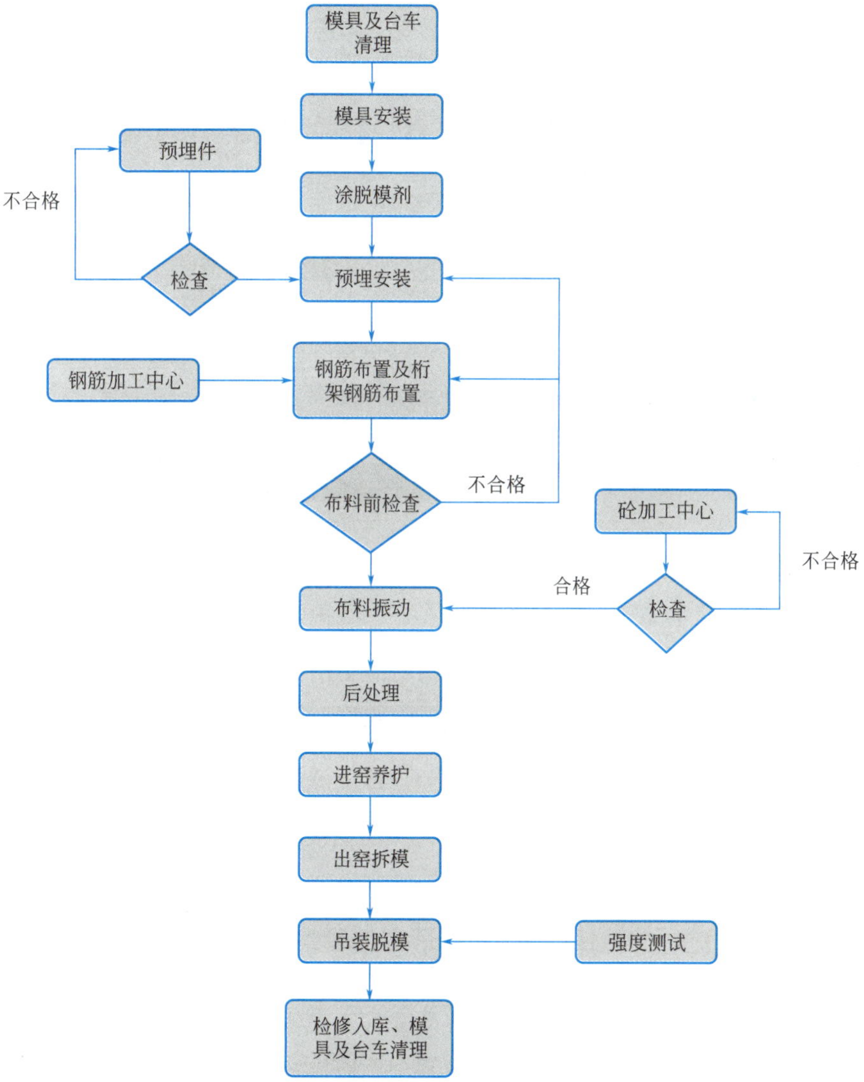

图 5.1.1 吊装作业流程图

103

5.1.2 预制叠合底板制作准备

对操作模台进行清理，采用划线机进行叠合板划线，摆放模具。叠合楼板要按照顺序进行组装，待模具初步固定后进行模具测量，做模具安装质量检查。内容包括检查构件截面尺寸，检查叠合板厚度、长度、宽度尺寸，核实对角线尺寸。之后进行模具校正，保证叠合板方正。模具最终固定后，在模台底模上涂刷隔离剂，在侧面模具内侧涂刷缓凝剂，保证混凝土浇筑成型后用水枪冲刷形成水洗粗糙面，隔离剂、缓凝剂涂刷要均匀一致。如图1-13所示预制叠合底板模具。

5.1.3 预制叠合底板模具组装

对操作模台进行清理，预制叠合底板按照组装顺序进行，先组装三面侧模。模具拼装时，模板接触面平整度、板面弯曲、拼装缝隙、几何尺寸等应满足相关设计的要求。预制叠合底板侧面模具拼装应连接牢固、缝隙严密，拼装时，应进行表面清洗并涂刷水性或蜡质脱模剂，接触面不应有划痕、锈渍和氧化层脱落等现象，预制叠合底板板头及板脚模具表面应涂刷缓凝剂，如图5.1.2所示。

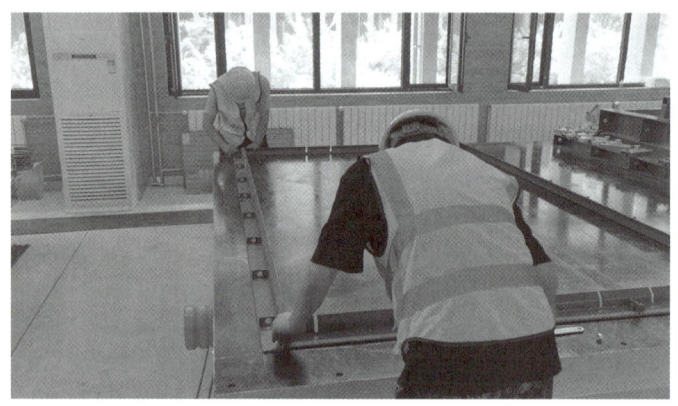

图5.1.2 预制叠合底板模具组装

5.1.4 预制叠合底板钢筋绑扎

钢筋网片和预埋件必须严格按照叠合板钢筋加工图及下料单要求制作。摆放好叠合板底部受力钢筋后进行底筋绑扎，水电线盒、预留洞等预留预埋，桁架筋安装固定，端部钢筋外露处封堵等。

钢筋的隐蔽验收。预制叠合板钢筋网片应满足构件设计图纸要求，宜采用专用钢筋定位件，钢筋网片尺寸应准确。保护层垫块宜采用塑料类垫块，且应与钢筋网片绑扎牢固；垫块按梅花状布置，间距应满足钢筋限位及控制变形的要求。预制叠合板表面的水电线盒预埋件、螺栓孔和预留孔洞应按构件模板图进行配置，应满足预制构件吊装、制作工况下的安全性、耐久性和稳定性，如图5.1.3所示。

5.1.5 预制叠合底板混凝土浇筑

在混凝土浇筑前应进行钢筋桁架混凝土叠合楼板的隐蔽工程检查，检查项目应包括下列内容：钢筋的牌号、规格、数量、位置、间距等；预埋件、吊环、插筋的规格、数量、

图 5.1.3　预制叠合底板钢筋绑扎

位置等；预留孔洞的规格、数量、位置等；钢筋的混凝土保护层厚度；预埋管线、线盒的规格、数量、位置及固定措施。

按照生产计划混凝土用量搅拌混凝土，混凝土浇筑过程中注意对钢筋网片及预埋件的保护，浇筑厚度使用专门的工具测量，严格控制，振捣后应当至少进行一次抹压。构件浇筑完成后采用拉毛收光机或人工进行一次收光抹面，收光抹面过程中应当检查外露的钢筋及预埋件，并按照要求调整。浇筑时，洒落的混凝土应当及时清理。浇筑过程中，应采用模台振动等措施进行充分有效振捣，避免出现漏振造成的蜂窝、麻面现象。浇筑时，按照试验室要求预留试块。

5.1.6　预制叠合底板的养护

混凝土养护可采用覆盖浇水和塑料薄膜覆盖的自然养护、化学保护膜养护和蒸汽养护方法。钢筋桁架混凝土叠合楼板等较薄预制构件或冬期生产预制构件，宜采用蒸汽养护方式。先进行构件预养护，再进行叠合板拉毛处理，最后进行构件蒸汽养护，按照规范要求进行蒸汽养护温度设置。预制构件采用加热养护时，应制订相应的养护制度，预养时间宜为 1~3h，升温速率应为 10~20℃/h，降温速率不应大于 10℃/h；楼板、墙板等较薄构件，养护最高温度为 60℃，持续养护时间应不小于 4h。构件脱模后，当混凝土表面温度和环境温差较大时，应立即覆膜养护。

5.1.7　预制叠合底板脱模与表面修补

预制叠合板蒸汽养护后，蒸养库内外温差小于 20℃时方可进行拆模作业。预制叠合板拆模应严格按照顺序拆除模具，先拆除磁盒，再拆除螺钉，接着拆除封堵材料，最后拆除模具，注意不得采用振动方式拆模。由于叠合板四周侧面和现场后浇混凝土形成施工缝，所以用水枪喷刷形成水洗粗糙面。预制构件拆模起吊时，应根据设计要求或具体生产条件确定所需的混凝土标准立方体抗压强度，脱模混凝土强度应不小于 15MPa；预制叠合板等较薄预制构件起吊时，混凝土强度不应小于 20MPa；对于预应力预制构件及拆模后需要移动的预制构件，拆模时的混凝土立方体抗压强度应不小于混凝土设计强度的 75%。

构件脱模后，不存在影响结构性能、钢筋、预埋件或者连接件锚固的局部破损和构件表面的非受力裂缝时，可用修补浆料进行表面修补后使用。

5.1.8 预制叠合底板检验

装配式混凝土结构中的构件检验关系到主体的质量安全，应重视。预制叠合板的检验主要包含原材料检验、隐蔽工程检验、成品检验三部分。预制叠合板在出厂前应进行成品质量验收，其检查项目包括预制构件的外观质量、预制构件的外形尺寸、预制构件的钢筋预埋件、预留孔洞，其检查结果和方法应符合现行国家标准的规定。

5.1.9 预制叠合底板的标识入库

叠合板验收合格后，应在明显部位喷印标记，标识构件型号、生产日期和质量验收合格标志。预制构件脱模后应在其表面醒目位置按构件设计制作图规定对每个构件编码，填写入库单，摆放垫木，构件入库。预制构件生产企业应按照有关标准规定或合同要求，对其供应的产品签发产品质量证明书，明确重要参数，有特殊要求的产品还应提供安装说明书。

5.1.10 预制叠合底板制作任务

1. 熟悉任务

熟悉图5.1.4预制叠合底板模板图和配筋图。

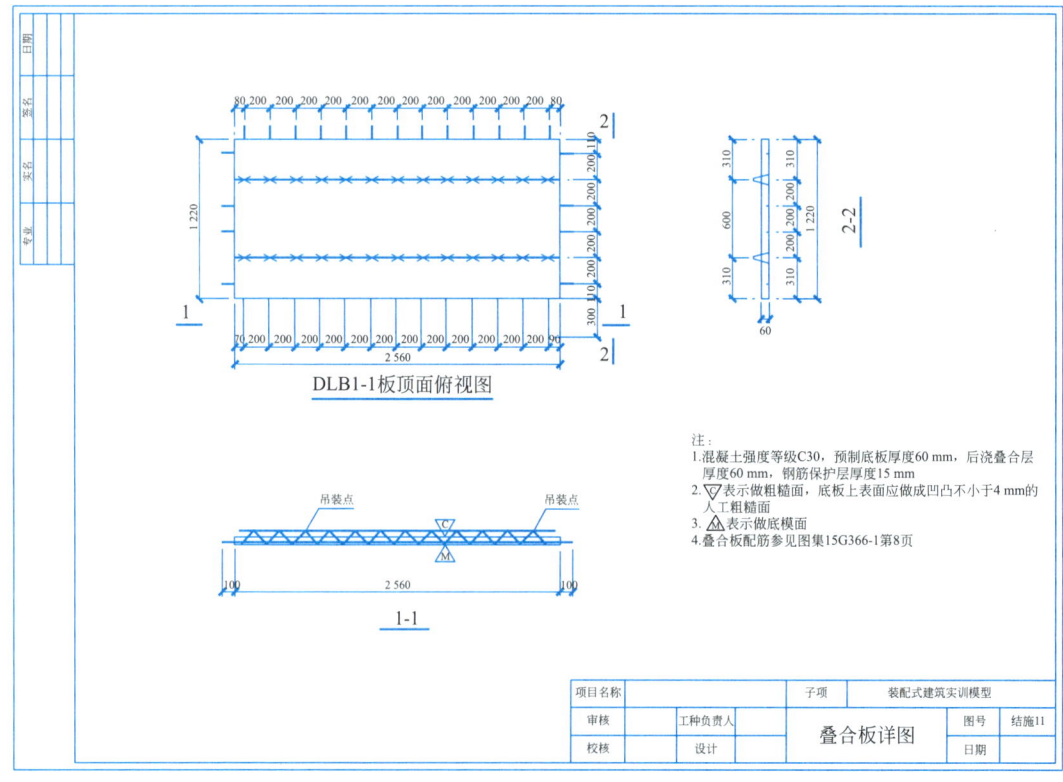

图5.1.4 预制叠合底板模板图和配筋图

项目 5　预制叠合底板生产与施工

2. 任务实施

预制叠合底板模板和钢筋骨架制作与安装工作中，根据岗位角色与任务分工完成学生任务分配表，并填写安全与施工技术交底内容（表 5.1.1）。

学生任务分配表　　　　　　　　　　　　　　　　　　　表 5.1.1

组号		组长		指导教师	
组员	姓名		岗位角色与任务分工		
安全与施工技术交底内容					

任务 5.2　预制叠合底板吊装

5.2.1　作业准备

1. 人员准备

作业团队一般包括 8 人，分别是：塔式起重机司机 1 名、楼面指挥员（通常兼班组长）1 名、构件装配工 4 名、地面堆场（或运输车辆）处指挥员（地面指挥员）1 名，构件装配工（地面）1 名。其中，楼面 4 名构件装配工细分岗位为挂钩员 1 名、测量员 1 名、安装员 2 名。

11. 叠合板吊装

根据实际情况，楼面也可安排 4 人，其中楼面指挥员 1 名、测量员 1 名、挂钩员 1 名、安装员 1 名。

2. 图纸准备

通常，作业团队在接受施工员组织的质量技术交底时，取得构件楼层平面布置图等图纸，由楼面指挥员负责保管。图例见附图。

3. 工器具准备

各岗位作业人员根据职责分工负责准备，相关岗位作业人员予以协助，工器具名称、数量、责任人见表 5.2.1。

107

预制叠合底板吊装工器具准备 表 5.2.1

序号	类型	名称	数量	规格型号	示意图	责任人	备注
1	安全防护用品	袖章	2个	常规		楼面指挥员、地面指挥员	
2		安全带	8条	安全带脱卸式双挂钩,且单条挂钩长度为2m		全体人员	
3		反光衣	8件	符合国家施工现场劳保用品使用要求		全体人员	
4		手套	8副	符合国家施工现场劳保用品使用要求		全体人员	
5		警示带及支架	若干	符合国家要求		楼面指挥员、地面指挥员	
6	工具仪器	对讲机	3台	—		塔式起重机司机、楼面指挥员、地面指挥员	
7		平衡架	1套	—		挂钩员、装配工(地面)	根据施工现场实际情况配置
8		吊索	4条	根据预制构件实际情况进行选择		挂钩员、装配工(地面)	

续表

序号	类型	名称	数量	规格型号	示意图	责任人	备注
9	工具仪器	卸扣	4个	根据预制构件实际情况进行选择		挂钩员、装配工(地面)	
10		撬棍	2根	1.5m、1.2m 各1根		安装员	
11		锤子	2个	6磅或羊角锤		安装员	
12		钢筋扳手	1个	—		安装员	
13		牵引绳	4条	—		挂钩员、装配工(地面)	
14		水平仪	1台	五线		测量员	复核架体实际标高
15		卷尺	1把	5m		测量员	
16		笔	若干	—		测量员	

续表

序号	类型	名称	数量	规格型号	示意图	责任人	备注
17	工具仪器	A4纸	若干	—		测量员	
18		墨斗	1个			测量员	
19		粉笔	若干	—		测量员	
20		手持式砂轮机	1台	—		安装员	根据施工现场实际情况配置

4. 起重设备准备

塔式起重机司机负责，地面指挥员和楼面指挥员配合，做好塔式起重机吊运前准备工作。

5. 构配件准备

安装员、构件装配工（地面）负责准备叠合底板。安装员、构件装配工（地面）在准备叠合底板时，要检查是否完成了构件进场检验工序，没有进行构件进场检验的，应当先进行构件进场检验，再进入本环节。对于进场检验合格后堆放在地面的叠合底板，要针对堆放可能引起预制构件变形的项目进行复核。

6. 安装位置准备

（1）测量员和安装员负责检查叠合底板支撑体系；确保安全可靠，无吊装障碍物，无灰浆残渣、垃圾碎块等建筑垃圾（安装员负责）；确保叠合底板支承点标高符合要求（测量员负责）。

（2）测量员负责在安装位置画出边线控制线（通常2条，尽可能在结构构件上划线，不能在结构构件上划线的，才在支撑体系上划线）。

（3）注意清除吊运路径上的模板、外架等材料。同时，叠合底板侧面预留钢筋与相邻构件预留钢筋发生碰撞的要进行处理。

7. 确定吊装路径

包括吊运叠合底板路径（包括在构件堆放处起吊、空中运输、对准就位的路径以及构件在空中的姿态）和作业人员站位、移动路径等，由楼面指挥员负责。

8. 作业环境准备

确保构件吊运过程中无障碍，设置安全作业区（原则上用警示带标识），由楼面指挥员负责，地面指挥员协助。

5.2.2 吊装作业

1. 吊装作业流程（图5.2.1）

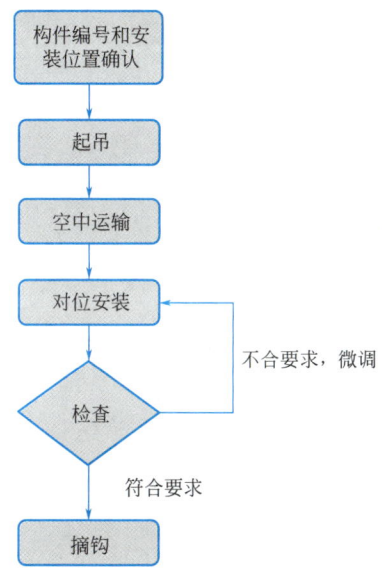

图 5.2.1 吊装作业流程图

2. 构件编号和安装位置确认

楼面指挥员和地面指挥员负责，对照图纸确认需要吊装的预制构件的编号、安装位置及方向等信息，避免张冠李戴。

3. 起吊

预制叠合底板采用的吊点，通常分为两种，通过颜色识别，用图纸复核，一种设置在桁架筋的上弦与腹杆交汇点（图5.2.2），另一种是预埋专用钢筋吊环（图5.2.3）。每块预制叠合底板至少需要设4个吊点（图5.2.4）。

通常，在叠合底板4个吊点上安装好卸扣和吊索，并套好两条牵引绳，将吊索挂在起重设备吊钩上（注意吊索要处于吊钩中间），进行试吊（将叠合底板吊离地面200～300mm时暂停，观察叠合底板是否下坠、是否平衡、吊具连接是否牢靠；无以上问题，即为试吊成功）；未发现问题的，正式起吊。正式起吊时，注意扶住叠合底板至其距地面1m左右时彻底松手，避免叠合底板在空中旋转。

图5.2.2　上弦与腹杆交汇点　　　　　图5.2.3　专用钢筋吊环

图5.2.4　采用多点挂钩起吊

4. 空中运输

吊运叠合底板高度超过外架后，方可较大幅度旋转塔式起重机（图5.2.5）。将叠合底板吊运到安装位置正上方约1m时暂停，人工扶住叠合底板底边（图5.2.6）。

图5.2.5　预制叠合底板底部超过外架

5. 对位安装和检查

预制构件就位时，扶板作业正确姿势如图5.2.7所示，严禁扶在板的侧面和底部，避免预制构件挤压到手。

安装员根据构件安装方向标识扶住叠合底板正对安装位置（凭肉眼观察，也可以借助吊锤，判断叠合底板外轮廓线对准安装位置上的边线控制线），使用塔式起重机慢就位速度下落吊钩（图5.2.8）；当叠合底板下落接触支撑体系刚好搁稳时，暂停下落吊钩，检测

图 5.2.6　安装工扶住预制叠合底板

图 5.2.7　预制构件吊装时正确的扶板手势

两个方向的边线控制偏差（相当于轴线位置偏差），确保符合《预制构件安装与连接检验批质量验收记录表》（见附件二）相应要求；如果边线控制偏差不符合要求，则用撬棍调整（图 5.2.9）。

图 5.2.8　塔式起重机缓慢下落预制叠合底板

图 5.2.9　用撬棍微调预制叠合底板

6. 摘钩

通常，安装员从吊点上拆下卸扣（图 5.2.10），相应将卸扣安装在吊索上，拆掉牵引绳并套在吊索上，使吊索、卸扣和牵引绳等离开预制构件（注意防范吊具和牵引绳绊在预制构件上或相互碰撞）；继续吊装下一个预制构件，或将吊钩下落地面，然后将吊索、卸扣和牵引绳收起来放好。

图 5.2.10　安全规范的摘钩

5.2.3　构件进场检验

就一般项目（包括长度、宽度、厚度、对角线差值、平整度、侧向弯曲、翘曲、预留钢筋外露长度等）进行检查。对于首批进场的预制构件，对每一预制构件检查合格方为检验合格；对后续进场的预制构件进行抽查式检验，被抽查预制构件一般项目全部检验合格的，即为验收合格。

安全管理和文明作业要求：

（1）接受安全技术交底，并予以遵循。

（2）遵循吊装作业安全管理一般要求。

（3）在扶持叠合底板就位时，特别注意防范叠合底板挤压手。

（4）使用工具的非准备责任人员，在使用完后，应即刻交给负责准备工具的责任人员保管，防止工具遗失或高空坠落伤人。

（5）任务完成后，需将构配件、设备等复归原位，将安装位置清理干净，养成工完场清的习惯。

5.2.4 质量管理要求

（1）接受质量技术交底，并予以遵循。

（2）选择有代表性的单元板块进行试安装，并根据试安装结果及时调整完善吊装方案和施工工艺。

（3）使用撬棍微调时，注意选好着力点，撬棍扁的一面要与预制构件全面贴合，保护好预制构件混凝土面。

（4）不得对预制构件进行切割、开洞。

（5）对预制构件上的预埋件应采取保护措施。

（6）对照《预制构件安装与连接检验批质量验收记录表》（见附件二），确保预制构件位置、标高、相邻构件底面平整度、搁置长度在允许偏差之内。

5.2.5 预制叠合底板吊装操作任务训练

（一）训练任务

1. 训练组织

1个教学班组5名学员，3个教学班组组成教学大组。教练组（1名教练和1名助理教练）负责1个教学大组训练。在教练组指导下，1个教学班组进行作业准备、吊装作业、预制构件进场检验操练，其他教学班组观摩、温习有关知识等；各个教学班组轮流操练。

2. 训练内容

在教练组指导下，1个教学班组在实训基地工位上通过使用塔式起重机装配预制构件（实训基地配置1名塔式起重机司机，1名起吊信号工，配合操作塔式起重机。教学班组指挥员刚开始通过起吊信号工指挥塔式起重机司机，逐步过渡到直接指挥塔式起重机司机）；按照岗位分工并轮换岗位，反复训练达到15min完成装配任务的目标。

（1）构配件。见附图——结施11叠合板详图。

（2）安装位置。见附图——结施01结构平面布置图。

（3）起重设备。具备含有无级变速功能，额定力矩在120t·m以上的塔式起重机。

（4）工器具。与本任务"一、施工实际""（二）作业准备""3. 工器具准备"部分相同。

（二）作业准备训练

1. 人员准备训练

（1）岗位分工。对1个教学班组5名学员，细分岗位为指挥（兼班组长）1名、挂钩员 1 名、测量员 1 名、安装员 2 名（分别负责构件一侧），岗位职责见《构件装配班组岗位分工表》（附件三）。

（2）班前会议。在吊装作业训练前，进行班前会议，讲解吊装方案，明确岗位分工和操作要领，强调安全隐患、防范措施及有关注意事项。

（3）注意事项。5 名学员都戴上岗位（指挥员、挂钩员、测量员、安装员 A、安装员 B）胸牌和背码，以强化学员角色感知。

2. 作业条件和方法准备训练

（1）按照岗位分工，确定吊装路径，进行构配件、工器具、安装位置、作业环境准备；在指挥员的主持下，集体确认准备工作完成。达到 5min 全面完成准备工作的目标。

（2）基本知识训练。在吊装作业训练时，观摩的教学班组温习以下知识，教练在吊装作业训练过程中进行穿插讲解，以加深记忆。

① 本任务使用的钢丝绳在使用过程中出现下列哪些问题，就应该按照《起重机 钢丝绳 保养、维护、检验和报废》（GB/T 5972—2023）相关标准进行相关检验工作，并根据损坏情况考虑报废？

☐钢丝绳的安全使用判定标准　　☑断丝的性质和数量　　☑绳端断丝
☑断丝局部聚集　　☑断丝的增加率　　☑绳股断裂
☑绳径减小，包括因绳芯损坏所致的情况　　☑弹性降低
☑外部和内部磨损　　☑外部和内部锈蚀　　☑变形
☐由于受热或电弧的作用引起的损坏　　☐永久伸长率
☐其他

② 卸扣是连接吊点与钢丝绳的连接工具，卸扣要正确地支撑着荷载，本任务在操作过程中出现下列哪些情况要考虑报废卸扣？

☑表面有裂纹　　☑本体扭曲达 10%　　☑表面磨损达 10%
☑横销不能闭锁　　☑横销变形达原尺寸 5%　　☑螺栓坏死或滑牙等
☐其他

③ 本任务除了上述吊装机具外，还需选用的吊装机具有<u>起重机</u>、<u>钢丝绳</u>、<u>吊索</u>、<u>卸扣</u>。

④ 每次吊装预制构件前，都要对吊具进行检查，主要包括：

☑钢丝绳是否有磨损　　☑吊环安装装置是否锁死
☑初次使用时需检查钢梁的螺栓是否合格
☐其他

⑤ 确认钢筋位置。

为了有效地控制钢筋位置的准确性，需要采用的工具有：

☑钢筋　　☑角钢　　☑钢管　　☑钢筋定位板　　☐其他

3. 识图训练

以 1 个教学班组为单位，就本任务"一、施工实际""（二）作业准备""2.图纸准备"中的图例和"二、真实训练""（一）训练任务"中的图例为内容，讲解识图基本知识、方法和要领，让教学班组集体学习掌握，同时指定教学班组一名学员作为识图任务负责人，保证班组内学员人人识图过关。

（三）吊装作业训练

教学大组全体学员先看吊装作业视频，了解装配作业工艺流程，教练组作必要的讲解示范后，学员开始操练。教练组要反复强调团队协作要求：一切行动听指挥，测量员和挂钩员搭档，两个安装员搭档。

教练组要关注每一个学员的站位、移动路径和操作手法等，对不规范动作进行纠正，达到个人独立完成本岗位操作、团队高效协作的目标。

（四）构件进场检验训练

1. 基本知识

要求指挥员负责，组织本班组学员在观摩其他班组操练的同时学习以下知识，并由教练组在吊装作业训练过程中进行穿插讲解。

（1）对于本任务首批进场的预制构件，必须对照《预制构件检验批质量验收记录表》（见附件一）进行一般项目的全数检查，对每一预制构件每一项目检验合格的，为检验合格。对于本任务后续进场的预制构件，进场数量不超过 <u>100</u> 件为一批次，每批次应随机抽查预制构件数量的 <u>5%</u>（填百分比），且不少于 <u>3</u> 件，所抽查预制构件每一项目检验合格的，为检验合格。

（2）本任务预制构件检查的一般项目包括下列哪些项目？

☑长、宽、厚、高、对角线差值

☑侧向弯曲、表面平整度偏差

☐预埋件检查　　☐灌浆孔检查

☐裂缝、破损处理

☐其他<u>主筋保护层厚度、主筋外留长度</u>

（3）本任务预制构件在进场检查过程中发现下列情况需要作废弃处理的是：

☑影响结构性能且不能恢复的裂缝

☑影响钢筋、连接件、预埋件锚固的裂缝

☑影响结构性能且不能恢复的破损

☑影响钢筋、连接件、预埋件锚固的破损

☑裂缝宽度大于或等于 0.3mm，且裂缝长度超过 300mm

☐其他

2. 实操训练

对于仿真构件和真实构件，在教学班组进行作业准备后吊装作业前，安排学员 3 人一组进行检查（对于测量项目原则上 2 人测量，1 人记录），填写《预制构件检验批质量验收记录表》（附件一）。通过实地检查，加深学员记忆。

（五）构件堆放和运输训练

安排学员在观摩其他班组操练的同时温习本任务"一、施工实际""（五）构件堆放和运输"部分知识和以下知识，由教练组在吊装作业训练过程中进行穿插讲解，以加深记忆。

本任务预制构件堆放场地应满足下要求：

☑预制构件进场前，应绘制预制构件堆放平面布置示意图

☑堆放场地应平整、坚实，并应有排水措施

☑预制构件存放位置应在起吊设备覆盖范围内，避免二次倒运
☑存放时应按吊装顺序、规格、品种、所属楼栋号等分区存放
☑存放预制构件之间宜设宽度为 0.8～1.2m 的通道
☐其他

（六）安全和文明作业管理训练

（1）在作业准备和吊装作业训练中，要强化指挥员的安全管理意识，要求其在指挥团队作业过程中，密切关注装配过程中的安全状态，做到"不安全不作业"，要眼观六路，耳听八方，不到万不得已，不帮助其他组员做具体事务。

（2）要求指挥员负责，组织本班组学员在观摩其他班组操练的同时学习"一、施工实际""（六）安全管理和文明作业要求"内容；教练组在吊装作业训练过程中进行穿插讲解。

（3）教练组要及时指出吊装作业过程中的安全问题，督促教学班组及学员落实"一、施工实际""（六）安全管理和文明作业要求"有关内容。

（4）要不断强调职业素养训练中安全意识的核心要义——"小心"（小心驶得万年船）。

（七）质量管理训练

（1）要求指挥员负责，组织本班组学员在观摩其他班组操练的同时学习"一、施工实际""（七）质量管理要求"内容；教练组在吊装作业训练过程中进行穿插讲解，直至学员熟练记忆。

（2）要求学员不断总结，力争将预制构件一次性准确就位，深入掌握微调技巧。

（3）正确熟练使用撬棍，避免损坏预制构件。

（4）要不断强调职业素养训练中质量意识的核心要义——"标准意识"（质量就是符合标准要求）。

（八）其他

1个教学大组在本项任务训练结束时，各个学员要分别就岗位、团队训练等方面谈感受、体会、存在的问题、改进的建议等，最后，教练进行总结讲评。

任务 5.3　预制叠合底板连接施工

5.3.1　作业准备

1. 人员准备

作业团队一般包括 3 人，岗位设置为：灌浆员 1 名（通常兼班组长）、备料员 1 名、封堵员 1 名。

2. 明确作业任务

作业团队（通常由班组长代表）接受施工员的作业任务和质量安全技术交底，并按岗位细化工作职责和要求。

3. 灌浆工位准备

检查预制叠合底梁灌浆腔，确保符合要求。

4. 工器具准备

各岗位作业人员根据职责分工负责准备，相关岗位作业人员予以协助，工器具名称、数量、责任人见表 5.3.1。预制叠合底板连接施工工器具准备。

项目5 预制叠合底板生产与施工

预制叠合底板连接施工工器具准备　　　　　　表 5.3.1

序号	类型	名称	数量	规格型号	示意图	责任人	备注
1	灌浆工具	手动灌浆枪	2	—	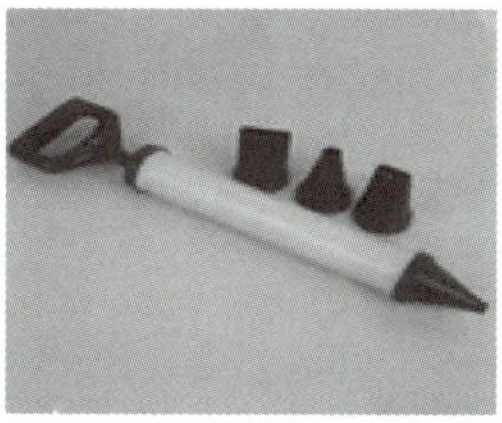	灌浆员	
2		胶塞	500	灌浆套筒（厂家配套）	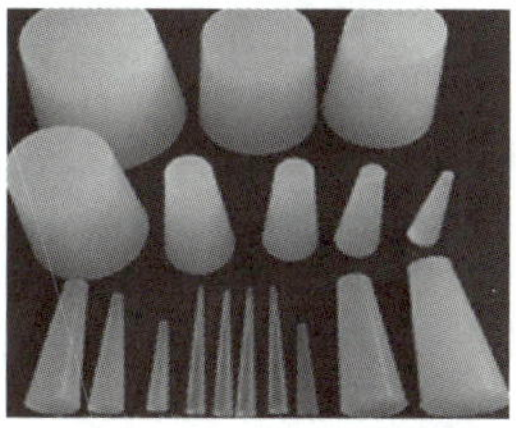	封堵员	
3	灌浆料拌合物制作	专用搅拌机	2	功率：1 200～1 400W，转速：0～800rpm（注：转速可调）		备料员	
4		电子秤	1 台	称重 30～50kg，误差：0.01kg	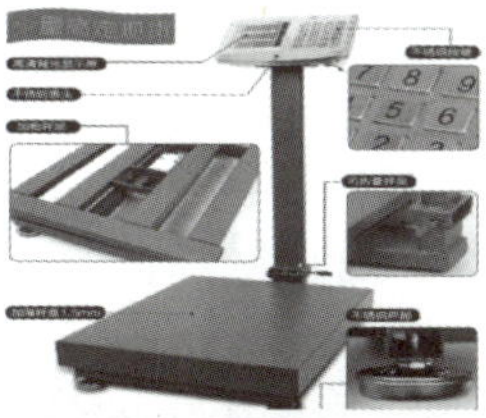	备料员	
5		量杯	2 个	2L、5L 带刻度		备料员	
6		不锈钢制浆桶	3 个	直径 300mm，高度 400mm，平底		备料员	
7		蓄水桶	1 个	50L		备料员	

续表

序号	类型	名称	数量	规格型号	示意图	责任人	备注
8	检测工具	圆截锥试模	1	70mm×100mm×100mm,等		备料员	
9		钢化玻璃板	1	6mm×500mm×500mm		备料员	
10		抗压强度检测试件模	3套	40mm×40mm×160mm		备料员	
11		卷尺	1把	5m		备料员	
12		灰刀	2把	—		备料员	
13	其他工具	抹布	5条			备料员	
14		数码相机	1台	带摄像功能		质量员	
15		铁钩	2个	小于出浆孔		封堵员	

续表

序号	类型	名称	数量	规格型号	示意图	责任人	备注
16	其他工具	套筒抗拉强度试件架	1套	—		封堵员	进行灌浆套筒连接接头拉拔试验时使用
		套筒、钢筋	若干			封堵员	
17		锤子	1个			封堵员	用来锤紧胶塞
18		记录表				备料员	
19		笔	若干	—		备料员	

5. 材料准备

准备灌浆料和水。备料员在准备材料时，要确定使用批次的灌浆料已检验合格，没有进行灌浆料进场检验工序的，应当先进行灌浆料进场检验，再进入本环节。

6. 作业环境准备

确保环境温度符合灌浆料产品使用说明书要求（环境温度低于5℃时不得施工，环境温度低于10℃时应采取保温加热措施；环境温度高于35℃时，应采取降低灌浆料拌合物温度的措施）。排除影响灌浆操作的障碍物。

5.3.2 坐浆作业

1. 作业流程（图5.3.1）

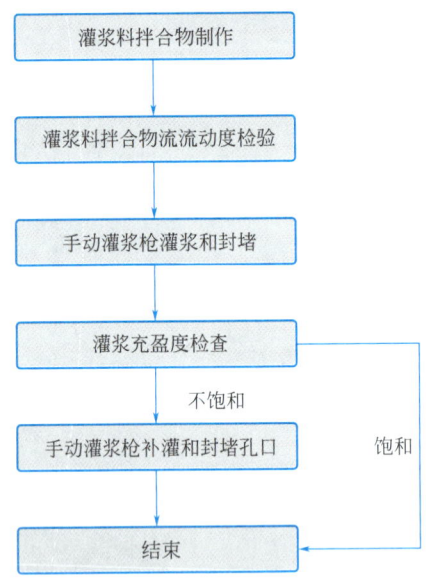

图 5.3.1　坐浆作业流程图

2. 制作坐浆料拌合物

按说明书规定的水料比在制浆桶里添加坐浆料和水，搅拌 3～6min 直至均匀（手握成团不松散），如图 5.3.2 所示。

图 5.3.2　坐浆料拌合物手握成团不松散

3. 制作封仓围护带和封堵接缝

（1）将 4 根 PVC 管分别放置在预制叠合底板四侧下面，每根 PVC 管一端伸出预制叠合底板边缘 200～300mm，另一端顶在另一方向的 PVC 管上，管内侧紧靠纵向连接钢筋（保证填塞坐浆料时 PVC 管能可靠支撑，位置不移动，坐浆料不会进入预制叠合底板灌浆套筒的灌浆腔内），四面同时封堵坐浆料，封堵后，抽出 PVC 管，再用少量坐浆料封堵 PVC 管抽出后留下的 4 个洞口（图 5.3.3、图 5.3.4）。

图 5.3.3　预制叠合底板内放入 PVC 管

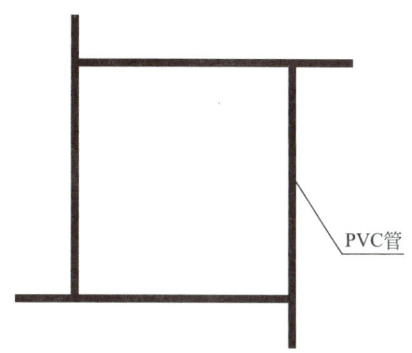

图 5.3.4　PVC 管摆放示意图

（2）加固围护带。对预制叠合底板四周护带进行抹制，形成一个倒角，保证灌浆时不因灌浆压力大造成围护带损坏（图 5.3.5）。

图 5.3.5　预制叠合底板倒角型坐浆示意图

（3）注意事项。制作围护带应注意以下四点：

① 将 PVC 管伸出预制叠合底板的部分稍微固定（比如在 PVC 管侧旁钉一水泥钉抵住 PVC 管），防止 PVC 管移动。

② 在制作围护带时，不能用力往预制叠合底板内挤压坐浆料拌合物，防止 PVC 管移动。

③ 抽出 PVC 管时，动作不应过大，要注意保护好围护带，防止围护带坍塌损坏。

④ 坐浆料拌合物要填抹密实。

4. 养护

围护带制作完成，在坐浆料拌合物终凝之前进行洒水湿润养护，养护时间不少于 12h，养护期间注意成品保护，避免损坏围护带。

5.3.3　施工质量验收相关作业

制作坐浆料拌合物试件。

5.3.4　坐浆料进场检验

进场检验应进行以下工作：

（1）查验使用说明书、出厂检验报告和产品合格证等出厂质量证明材料。

（2）确认坐浆强度比预制叠合底板混凝土强度至少高一等级，达到坐浆强度时间不超过 12h。

（3）制作坐浆料拌合物试件（一般在坐浆料投入使用前 3～5 天制作）。

以上内容全部合格的，方可使用坐浆料。

5.3.5　坐浆料储存与保管

坐浆料的储存应设置专用仓库保管，尽量做到恒温恒湿，坐浆料进场后应在一个月内使用完毕，超过 2 个月的不得使用。

5.3.6　安全管理和文明施工要求

（1）在清理预制叠合底板安装位置结合面杂物、灰尘，特别是浇水湿润或采用高压气枪吹走明水时，注意文明施工。

（2）任务完成后，材料、设备、工器具等复归原位，清理干净，工完场清。

5.3.7　质量管理要求

（1）坐浆作业的环境温度不宜低于 10℃，不宜高于 35℃。

（2）坐浆料拌合物应在产品说明书规定的时间内用完，超出规定时间不得添加坐浆料、水后再次使用。

（3）坐浆完成后应填写《坐浆施工记录表》。

5.3.8　坐浆操作任务训练

（一）训练组织

1. 8 名学员组成教学班组，2 个教学班组组成 1 个教学大组

教练组（1 名教练和 1 名助理教练）组织 1 个教学大组进行操练。在教练组的指导下，1 个教学班组进行作业准备、坐浆作业操练，另 1 个教学班组观摩、温习有关知识等；各个教学班组轮流操练。

2. 训练内容

在教练组指导下，2 个教学班组在实训基地（4 个坐浆工位）轮流训练，达到 20min 完成坐浆任务的目标。

（1）坐浆工位为附图中 ZPS-27：预制叠合底板（下部）安装完成，形成了坐浆作业面。

（2）工器具见"一、施工实际""（二）作业准备""3. 工器具准备"列表。

（3）坐浆料和水。坐浆料质量要求详见工法楼图纸说明。

（二）作业准备训练

1. 人员准备训练

（1）岗位分工。1 个教学班组 8 名学员，其中 1 名学员任组长，1 名学员任副组长，组长牵头，副组长协助，其他 6 名学员参加，制作坐浆料拌合物，然后分成 4 个小组在 4 个工位上进行操练。

（2）班前会议。召开班前会议，讲解坐浆施工方案，明确工作分工、操作要领、安全要求。

2. 作业条件和方法准备训练

(1) 按照工作分工，进行坐浆料、水、工器具、坐浆工位、作业环境准备，并在组长的主持下，确认准备工作完成，达到5min全面完成准备工作的目标。

(2) 基本知识训练。在1个教学班组进行作业准备和坐浆作业训练时，另1个教学班组温习坐浆知识，教练在坐浆作业训练过程中穿插讲解，以加深记忆。

(三) 坐浆作业训练

1. 训练内容

包括见"一、施工实际""（三）坐浆作业"的全部内容。

2. 训练要领

教学大组全体学员先看坐浆作业视频，了解坐浆作业工艺流程质量控制要点，教练组作必要的讲解示范后，学员开始操练。

教练组要关注每一个学员操作手法和流程，对不规范动作进行纠正，达成个人独立完成本岗位操作、团队协作高效的目标。实训过程中教练组应注意提醒学员质量通病和防范措施。

(四) 施工质量验收相关作业

在进行坐浆作业训练时，一并对学员进行制作坐浆料拌合物试件训练。

(五) 坐浆料进场检验训练

1. 让学员温习"一、施工实际""（五）坐浆料进场检验"内容，教练穿插讲解，以加深记忆。

2. 在进行"二、训练指导""（二）作业准备训练""2. 作业条件准备训练"时，将坐浆料进场时查验收存的质量证明材料供学员观摩。

(六) 坐浆料储存与保管训练

让学员温习"一、施工实际""（六）坐浆料储存与保管"内容，教练穿插讲解，以加深记忆。

(七) 安全管理和文明施工要求训练

要求组长负责，组织本班组学员在观摩教学大组中其他组操练时学习"一、施工实际""（七）安全管理和文明施工要求"内容。在进行坐浆作业训练时，要特别强调作业人员对其负责工器具的清洗清洁和对作业场地撒漏的坐浆料拌合物及坐浆料污染装配式构件的清理。

(八) 质量管理训练

(1) 要求组长负责，组织本班组学员在观摩教学大组中其他组操练时学习"一、施工实际""（八）质量管理要求"内容；教练组在坐浆作业训练过程中进行穿插讲解，直至学员熟练记忆。

(2) 在坐浆作业训练时，不断提醒学员质量通病和防范措施。

(3) 要不断强调职业素养训练中质量意识的核心要义——"标准意识"（质量就是符合标准要求）。

(九) 其他

1个教学大组本项任务训练结束前，要组织学员分别就岗位、团队训练谈感受、体会、存在的问题、改进的建议，教练进行总结讲评。

项目 6

预制其他构件生产与施工

Chapter 06

知识目标

1. 识读装配式预制其他构件阳台板、空调板和楼梯等制作施工图。
2. 熟悉使用工具及设备。
3. 熟悉装配式预制构件预制其他构件阳台板、空调板和楼梯等施工工序与制作要点。
4. 了解预制其他构件阳台板、空调板和楼梯等质量验收要点。

能力目标

1. 掌握预制混凝土楼梯和阳台板或空调板模具拼装、钢筋骨架制作与安装、预埋件安装、混凝土浇筑方法。
2. 掌握预制混凝土楼梯和阳台板或空调板等吊装和连接施工操作要点。
3. 掌握预制混凝土楼梯和阳台板或空调板质量验收要点。

素质目标

1. 培养爱岗敬业的职业素养与严谨的专业精神。
2. 培养工程生产高效优质的质量意识。
3. 具备精益求精的专业精神。

导读

- **基本要求**

熟悉预制其他构件阳台板、空调板和楼梯的基本知识,包括其定义、分类、应用范围和生产施工流程。掌握生产工艺,如原材料选择、模具设计、钢筋加工、混凝土制备及养护等环节。同时,精通施工技术,包括基础处理、模板和钢筋安装、混凝土浇筑及养护等步骤。确保预制其他构件质量可靠,满足工程需求。

- **重点**

预制楼梯钢筋加工、模板和钢筋安装;预制其他构件阳台板、空调板和楼梯吊装、灌浆施工、混凝土浇筑及养护。

- **难点**

预制其他构件阳台板、空调板和楼梯吊装、灌浆施工、混凝土浇筑及养护。

任务 6.1 预制其他构件生产

预制楼梯制作可用到的模具有立式模具和平面模具。构件生产企业应依据构件制作图进行预制构件的制作，并应根据预制构件型号、形状、重量等特点制订相应的工艺流程，明确质量要求和生产各阶段质量控制要点，编制完整的构件制作计划书，对预制构件生产全过程进行质量管理和计划管理。

12. 预制楼梯的构造与配筋

6.1.1 预制楼梯制作的工艺流程（图 6.1.1）

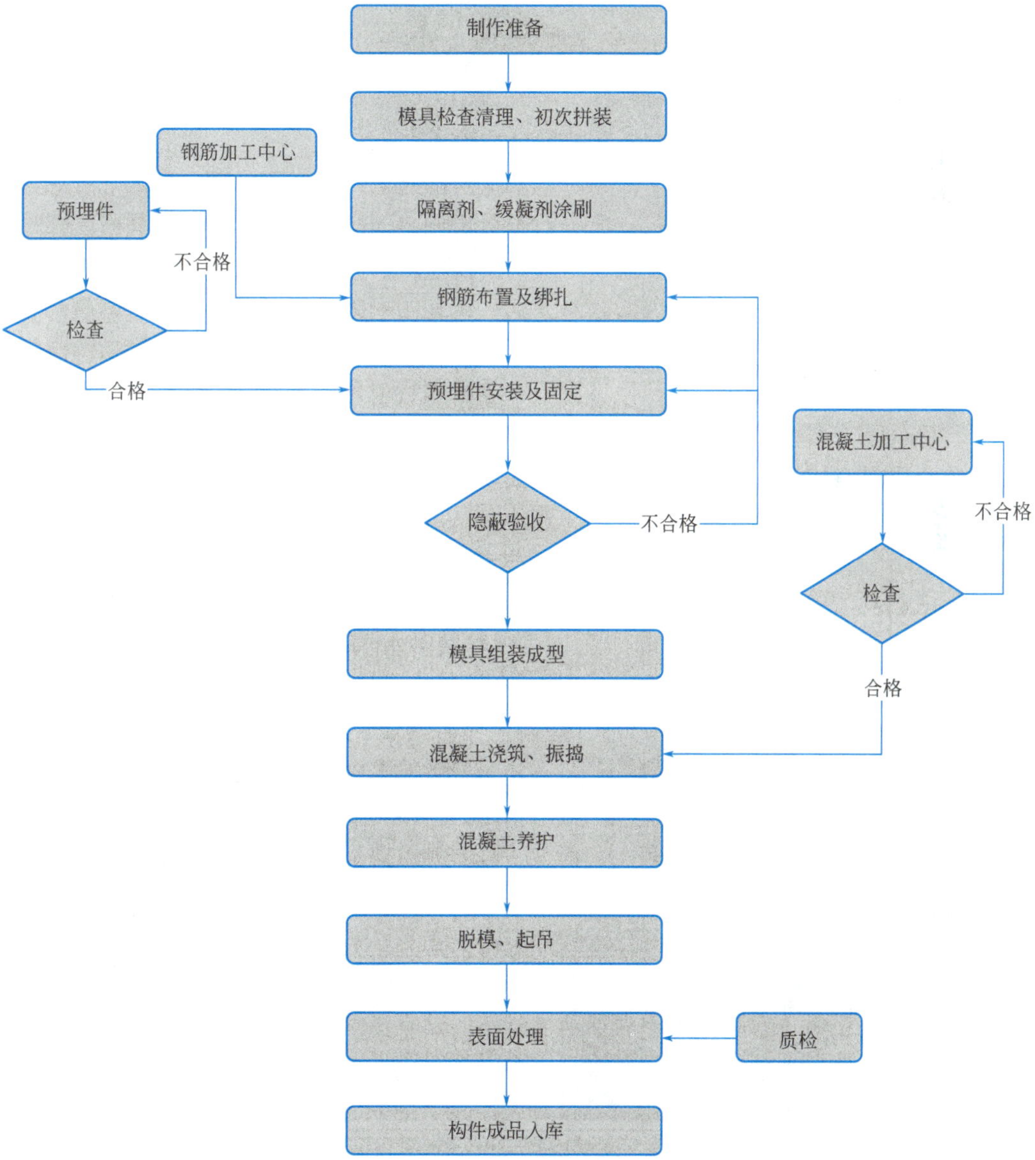

图 6.1.1 预制楼梯制作的工艺流程图

6.1.2 预制楼梯制作准备

预制构件模具除应满足承载力、刚度和整体稳定性要求外，还应满足预制构件质量、生产工艺、模具组装与拆卸、周转次数等要求；同时应满足预制构件预留孔洞、插筋、预埋件的安装定位要求。

6.1.3 预制楼梯模具组装

预制楼梯按照组装顺序进行组装，主要分立式（图6.1.2）和卧式（图6.1.3）两种，模具初步固定后进行模具测量，做模具安装质量检查。内容包括检查构件截面尺寸，检查楼梯板厚度、长度、宽度尺寸，核实对角线尺寸。之后进行模具校正，保证楼梯板方正。模具最终固定后，在模具内侧涂刷隔离剂，隔离剂涂刷要均匀一致。

图6.1.2 立式模具组装　　　　　　图6.1.3 卧式模具组装

6.1.4 预制楼梯钢筋绑扎

预制楼梯板钢筋和预埋件必须严格按照预制楼梯钢筋加工图及下料单要求制作（见图6.1.4和图6.1.5）。

图6.1.4 立式钢筋绑扎　　　　　　图6.1.5 卧式钢筋绑扎

预制楼梯板钢筋网片应满足构件设计图纸要求,宜采用专用钢筋定位件,钢筋网片尺寸应准确。保护层垫块宜采用塑料类垫块,且应与钢筋网片绑扎牢固;垫块按梅花状布置,间距应满足钢筋限位及控制变形的要求。预制楼梯板表面的预埋件、螺栓孔和预留孔洞应按构件模板图进行配置,应满足预制构件吊装、制作工况下的安全性、耐久性和稳定性。

6.1.5 预制楼梯混凝土浇筑

在混凝土浇筑前应进行预制楼梯板的钢筋隐蔽工程检查,检查项目应包括下列内容:钢筋的牌号、规格、数量、位置、间距等;预埋件、吊环、插筋的规格、数量、位置等;预留孔洞的规格、数量、位置等;钢筋的混凝土保护层厚度;预埋管线、线盒的规格、数量、位置及固定措施。

按照生产计划混凝土用量搅拌混凝土,混凝土浇筑过程中注意对钢筋网片及埋件的保护,浇筑厚度使用专门的工具测量,严格控制,振捣后应当至少进行一次抹压。构件浇筑完成后采用拉毛收光机或人工进行一次收光抹面,收光抹面过程中应当检查外露的钢筋及预埋件,并按照要求调整。浇筑时,洒落的混凝土应当及时清理。浇筑过程中,应采用模台振动等措施进行充分有效振捣,避免出现漏振造成的蜂窝、麻面现象。浇筑时,按照试验室要求预留试块。

6.1.6 预制楼梯的养护

混凝土养护可采用覆盖浇水和塑料薄膜覆盖的自然养护、化学保护膜养护和蒸汽养护方法。预制楼梯构件,宜采用蒸汽养护方法。

6.1.7 预制楼梯脱模与表面修补

预制楼梯蒸汽养护后,蒸养库内外温差小于20℃时方可进行拆模作业。预制楼梯拆模起吊时,应根据设计要求或具体生产条件确定所需的混凝土标准立方体抗压强度,脱模混凝土强度应不小于15MPa。

6.1.8 预制楼梯检验

装配式混凝土结构中的构件检验关系到主体的质量安全,应重视。预制楼梯的检验主要包含原材料检验、隐蔽工程检验、成品检验三部分。

预制楼梯在出厂前应进行成品质量验收,其检查项目包括预制构件的外观质量、预制构件的外形尺寸、预制构件的钢筋预埋件、预留孔洞,其检查结果和方法应符合现行国家标准的规定。

6.1.9 预制楼梯的标识

预制楼梯验收合格后,应在明显部位喷印标记,标识构件型号、生产日期和质量验收合格标志。预制构件脱模后应在其表面醒目位置按构件设计制作图规定对每个构件编码,填写入库单后构件入库。预制构件生产企业应按照有关标准规定或合同要求,对其供应的产品签发产品质量证明书,明确重要参数,有特殊要求的产品还应提供安装说明书。如图6.1.6所示为预制楼梯。

图 6.1.6 预制楼梯

6.1.10 预制阳台板和空调板生产

预制阳台板、空调板等小型构件制作参照预制钢筋桁架混凝土叠合楼板制作工艺。如图 6.1.7 所示为预制阳台板，如图 6.1.8 所示为预制空调板。

图 6.1.7 预制阳台板

图 6.1.8 预制空调板

6.1.11 预制楼梯制作任务

1. 熟悉任务

熟悉下图预制楼梯模板图和配筋图。

2. 任务实施

预制柱模板和钢筋骨架制作与安装工作中，根据岗位角色与任务分工完成学生任务分配表（表 6.1.1），并填写安全与施工技术交底内容。

学生任务分配表 表 6.1.1

组号		组长		指导教师	
组员	姓名		岗位角色与任务分工		
安全与施工技术交底内容					

任务 6.2 预制阳台底板（空调板）吊装

6.2.1 作业准备

1. 人员准备

作业团队一般包括 8 人，分别是塔式起重机司机 1 名、楼面指挥员（通常兼班组长）1 名、构件装配工 4 名、地面堆场（或运输车辆）处指挥员（以下简称地面指挥员）1 名、构件装配工（地面）1 名。其中，楼面 4 名构件装配工细分岗位为挂钩员 1 名、测量员 1 名、安装员 2 名。

根据实际情况，楼面也可安排 4 人，其中楼面指挥员 1 名、测量员 1 名、挂钩员 1 名、安装员 1 名。

2. 图纸准备

通常，作业团队在接受施工员组织的质量技术交底时，要取得构件楼层平面布置图等图纸，由楼面指挥员负责保管。图例见附图。

3. 工器具准备

各岗位作业人员根据职责分工负责准备，相关岗位作业人员予以协助，工器具名称、数量、责任人见表 6.2.1。

工器具准备 表 6.2.1

序号	类型	名称	数量	规格型号	示意图	责任人	备注
1	安全防护用品	袖章	2 个	常规	起重指挥	楼面指挥员、地面指挥员	

续表

序号	类型	名称	数量	规格型号	示意图	责任人	备注
2	安全防护用品	安全带	8条	安全带脱卸式双挂钩,且单条挂钩长度为2m		全体人员	
3		反光衣	8件	符合国家施工现场劳保用品使用要求		全体人员	
4		手套	8副	符合国家施工现场劳保用品使用要求		全体人员	
5		警示带及支架	若干	符合国家要求		楼面指挥员、地面指挥员	
6	工具仪器	对讲机	3台	—		塔式起重机司机、楼面指挥员、地面指挥员	
7		平衡梁	1套	根据预制构件实际情况进行选择		挂钩员、装配工(地面)	根据施工现场实际情况配置
8		平衡架	1套	根据预制构件实际情况进行选择		挂钩员、装配工(地面)	根据施工现场实际情况配置
9		吊索	6条	根据预制构件实际情况进行选择		挂钩员、装配工(地面)	

项目6　预制其他构件生产与施工

续表

序号	类型	名称	数量	规格型号	示意图	责任人	备注
10	工具仪器	卸扣	10个	根据预制构件实际情况进行选择		挂钩员、装配工(地面)	
11		鸭嘴扣	若干	—	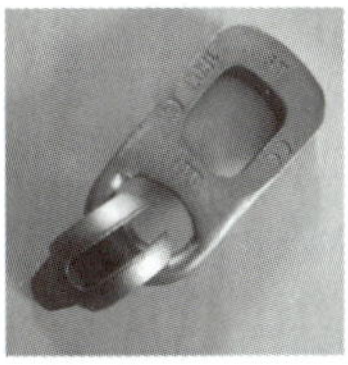	挂钩员、构件装配工(地面)	采用吊钉吊运构件时使用
12		撬棍	2根	1.5m、1.2m各1根		安装员	
13		锤子	2个	6磅或羊角锤	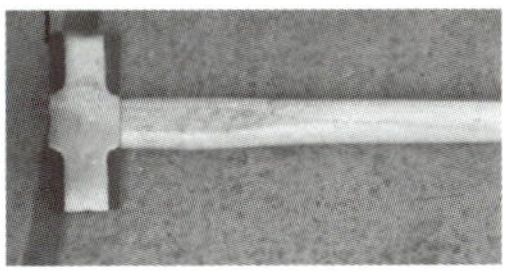	安装员	
14		电动扳手	1套	锂电池款		安装员	
15		牵引绳	4条	—		挂钩员、装配工(地面)	
16		水平仪	1台	五线	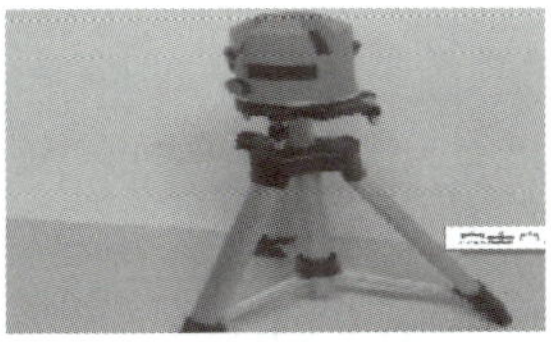	测量员	复核架体实际标高

133

续表

序号	类型	名称	数量	规格型号	示意图	责任人	备注
17	工具仪器	卷尺	1把	5m		测量员	
18		笔	若干	—		测量员	
19		A4纸	若干	—		测量员	
20		墨斗	1个	—		测量员	
21		粉笔	若干	—		测量员	
22		手持式砂轮机	1台	—		安装员	根据施工现场实际情况配置

4. 起重设备准备

塔式起重机司机负责，地面指挥员和楼面指挥员配合，做好塔式起重机吊运前准备工作。

5. 构配件准备

安装员、构件装配工（地面）负责准备阳台底板。安装员、构件装配工（地面）在准备阳台底板时，要检查是否完成了构件进场检验工序，没有进行构件进场检验的，应当先进行构件进场检验，再进入本环节。对于进场检验合格后堆放在地面的阳台底板，要针对堆放可能引起预制构件变形的项目进行复核。

6. 安装位置准备

(1) 测量员和安装员负责检查阳台底板支撑体系；确保安全可靠，无吊装障碍物，无灰浆残渣、垃圾碎块等建筑垃圾（安装员负责）；确保阳台底板支承点标高符合要求（测量员负责）。

(2) 测量员负责在安装位置画出边线控制线（通常 2 条，尽可能在结构构件上划线，不能在结构构件上划线的，才在支撑体系上划线）。

(3) 注意清除吊运路径上的模板、外架等材料。同时，预制阳台侧面预留钢筋与相邻构件预留钢筋发生碰撞的要进行处理。

7. 确定吊装路径

包括吊运阳台底板路径（包括在构件堆放处起吊、空中运输、对准就位的路径以及构件在空中的姿态）和作业人员站位、移动路径等，由楼面指挥员负责。

8. 作业环境准备

确保阳台底板吊运过程中无障碍，设置安全作业区（原则上用警示带标识），由楼面指挥员负责，地面指挥员协助。

6.2.2 吊装作业

1. 吊装作业流程（图 6.2.1）

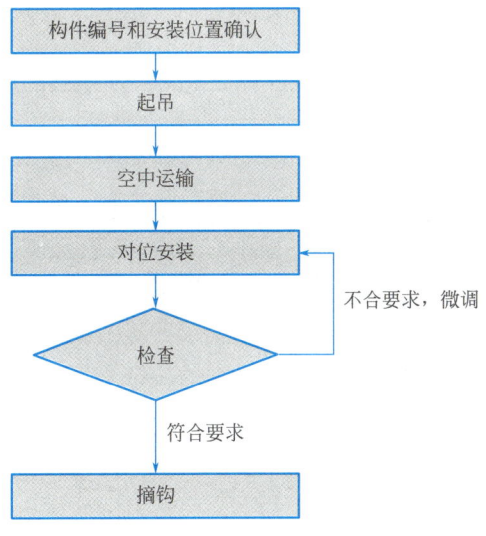

图 6.2.1 吊装作业流程图

2. 构件编号和安装位置确认

楼面指挥员和地面指挥员负责，对照图纸确认需要吊装的预制构件的编号、安装位置等信息，避免张冠李戴。

3. 起吊

采用旋转扣件吊装阳台底板（图 6.2.2）。在吊点（阳台底板预留吊孔）上安装好旋转扣件（图 6.2.3）、卸扣和吊索，在阳台底板上套好两条牵引绳，将吊索挂在吊钩上（注意吊索要处于吊钩中间），进行试吊（将阳台底板吊离地面 200～300mm 时暂停，观察阳台底板是否下坠、是否平衡、吊具连接是否牢靠；无以上问题，即为试吊成功）；未发现问题的，正式起吊（图 6.2.4）。正式起吊时，注意扶住阳台底板至其距地面 1m 左右时彻底松手，避免阳台底板在空中旋转。

图 6.2.2　旋转扣件

图 6.2.3　旋转扣件扣入预留孔

图 6.2.4　起吊

4. 空中运输

吊运阳台底板高度超过外架后，方可较大幅度旋转塔式起重机（图 6.2.5）。将阳台底板吊运到安装位置正上方 1m 左右时暂停，人工扶住阳台底边（图 6.2.6）。

5. 对位安装和检查

人工扶住阳台底板正对安装位置（凭肉眼观察，也可以借助线锤，判断阳台底板外轮廓线对准安装位置上的边线控制线），使用塔式起重机慢就位速度下落吊钩（图 6.2.7、图 6.2.8）；当阳台底板下落接触支撑体系刚好搁稳时，暂停下落吊钩，检测阳台底板两个方向的边线控制偏差（相当于轴线位置偏差），确保符合《预制构件安装与连接检验批质量验收记录表》（见附件二）相应要求；如果边线控制偏差不符合要求，用撬棍调整。

项目 6　预制其他构件生产与施工

图 6.2.5　旋转塔式起重机

图 6.2.6　方向调整及吊装就位

图 6.2.7　开始安装

图 6.2.8　安装完成

6. 摘钩

从吊点上拆下旋转扣件（图 6.2.9）、卸扣、吊索，相应将卸扣安装在吊索上，拆掉牵引绳并套在吊索上，用于吊装下一个预制构件，或将吊钩下落地面，然后将旋转扣件、吊索、卸扣和牵引绳收起来放好（图 6.2.10）。

6.2.3　安全管理和文明作业要求

（1）接受安全技术交底，并予以遵循。
（2）遵循吊装安全管理一般要求。

图 6.2.9　解除钢丝绳

图 6.2.10　装配阳台底板安装完成

（3）在扶持阳台底板就位时，特别注意防范阳台底板挤压手。

（4）使用工具的非准备责任人员，在使用完后，应即刻交给负责准备工具的责任人员保管，防止工具遗失或高空坠落伤人。

（5）任务完成后，构配件、工器具、设备、安装位置等复归原位，清理干净，养成工完场清的习惯。

6.2.4　质量管理要求

（1）接受质量技术交底，并予以遵循。

（2）选择有代表性的单元板块进行试安装，并根据试安装结果及时调整完善吊装方案和施工工艺。

（3）不得对构件进行切割、开洞。

（4）对预制构件上的预埋件应采取保护措施。

（5）对照《预制构件安装与连接检验批质量验收记录表》（见附件二），确保预制构件位置、标高、相邻构件底面平整度、搁置长度在允许偏差之内。

任务 6.3　预制阳台板、空调板安装施工

6.3.1　预制阳台板、空调板安装施工工艺流程（图 6.3.1）

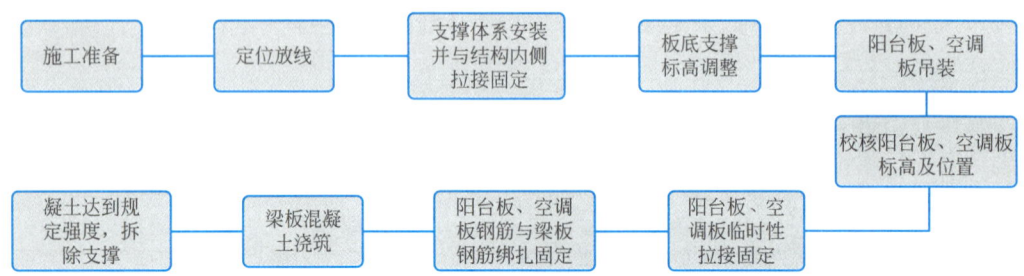

图 6.3.1　预制阳台板、空调板安装施工工艺流程图

6.3.2 预制阳台板、空调板安装施工工艺

1. 施工准备

将预制阳台板、空调板施工操作面的临边安全防护措施安装就位。

2. 定位放线

在墙体上的预制阳台板、空调板安装位置测量放线,并设置安装位置标记。

3. 板底支撑标高调整并有可靠拉接

阳台板、空调板支撑部位放线,安装预制阳台板、空调板下支撑。调节支撑上部的支撑梁至板底标高位置后,将支撑与墙体内侧结构拉接固定,防止构件倾覆,确保安全可靠。

4. 阳台板、空调板吊装

将预制阳台板、空调板吊至预留位置,进行位置校正。

5. 阳台板、空调板临时性拉接固定

设置安全构造钢筋与梁板内连接筋焊接或其他可靠拉接。

6. 阳台板部位的现浇钢筋绑扎固定

铺设上层钢筋,安装预留预埋件及管线铺设。

7. 梁板混凝土施工浇筑

8. 待混凝土强度达到100%后方可拆除支撑装置

预制阳台安装见图6.3.2、图6.3.3,预制空调板安装见图6.3.4、图6.3.5。

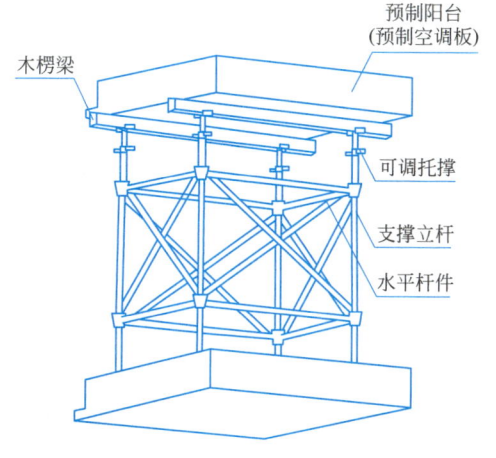

图6.3.2 预制阳台安装图(一)

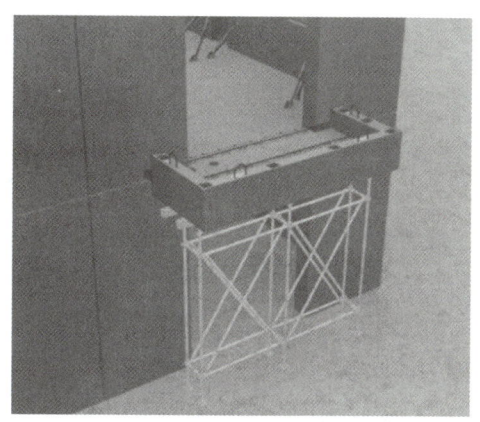

图6.3.3 预制阳台安装图(二)

6.3.3 预制阳台板、空调板安装施工要点

(1)预制阳台板、空调板支撑的布置方式应有充分经验,并经严格计算后,方可进行支撑支设。

(2)支撑宜采用承插式、碗扣式脚手架进行架设,支撑部位须与结构墙体有可靠刚性拉接节点,支撑应设置斜撑等构造措施,保证架体整体稳定。

(3)预制阳台板、空调板等预制构件吊装至安装位置后,须设置水平抗滑移的连接措

施,必要时与现浇部位的梁板构件附加必要的焊接拉接,本层施工时预制阳台板、空调板外侧须有安全可靠的临边防护措施,确保预制阳台板、空调板上部施工人员操作安全。

(4) 阳台板、空调板等悬挑构件支撑拆除时,除应达到混凝土结构设计强度,还应确保该构件能承受上层阳台通过支撑传递下来的荷载。

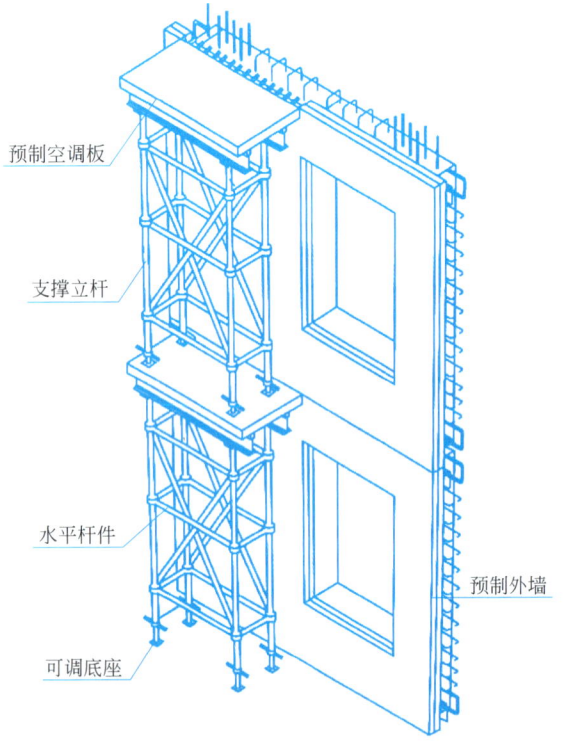

图 6.3.4　预制空调板安装图(一)

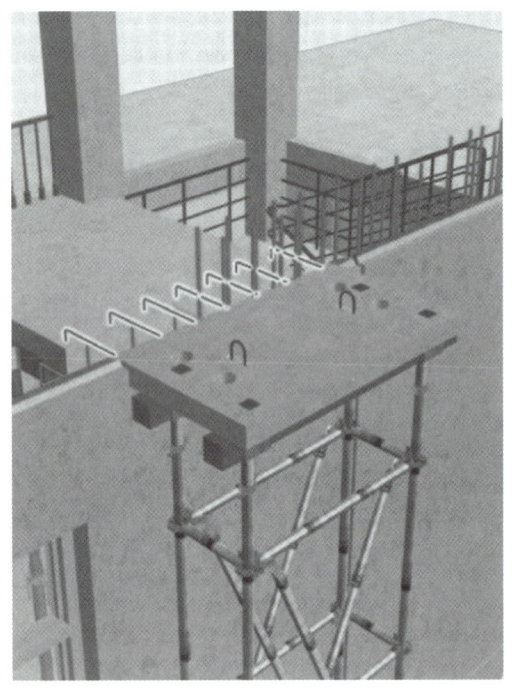

图 6.3.5　预制空调板安装图(二)

任务 6.4　预制楼梯吊装

6.4.1　作业准备

1. 人员准备

作业团队一般包括 8 人,分别是:塔式起重机司机 1 名、楼面指挥员(通常兼班组长)1 名、构件装配工 4 名、地面堆场(或运输车辆)处指挥员(以下简称地面指挥员)1 名、构件装配工(地面)1 名。其中,楼面 4 名构件装配工细分岗位为挂钩员 1 名、测量员 1 名、安装员 2 名。

13. 预制楼梯吊装

根据实际情况,楼面也可安排 4 人,其中楼面指挥员 1 名、测量员 1 名、挂钩员 1 名、安装员 1 名。

2. 图纸准备

通常,作业团队在接受完项目技术员组织的质量技术交底,取得构件楼层平面布置图等图纸,由楼面指挥员负责保管。图例见附图。

3. 工器具准备

各岗位作业人员根据职责分工负责准备，相关岗位作业人员予以协助，工器具名称、数量、责任人见表6.4.1。

预制楼梯吊装工器具准备　　　　　　　　　　　　　　　表 6.4.1

序号	类型	名称	数量	规格型号	示意图	责任人	备注
1	安全防护用品	袖章	2个	常规		楼面指挥员、地面指挥员	
2		安全带	8条	安全带脱卸式双挂钩，且单条挂钩长度为2m		全体人员	
3		反光衣	8件	符合国家施工现场劳保用品使用要求		全体人员	
4		手套	8副	符合国家施工现场劳保用品使用要求		全体人员	
5		警示带及支架	若干	符合国家要求		楼面指挥员、地面指挥员	
6	工具仪器	对讲机	3台	—		塔式起重机司机、楼面指挥员、地面指挥员	
7		平衡梁	1套	根据预制构件实际情况进行选择		挂钩员、装配工（地面）	根据施工现场实际情况配置

续表

序号	类型	名称	数量	规格型号	示意图	责任人	备注
8	工具仪器	平衡架	1套	根据预制构件实际情况进行选择		挂钩员、装配工（地面）	根据施工现场实际情况配置
9		活动扳手	2副	根据图纸选型		挂钩员、构件装配工	
10		万向旋转扣及专用扳手	4个及2个	—		挂钩员、构件装配工（地面）	转移预制楼梯时才需要
11		手拉葫芦	2个	根据图纸选择		挂钩员	
12		吊索	8条	根据预制构件实际情况进行选择		挂钩员、装配工（地面）	
13		卸扣	10个	根据预制构件实际情况进行选择		挂钩员、装配工（地面）	
14		鸭嘴扣	若干	—		挂钩员、构件装配工（地面）	采用吊钉吊运构件时使用
15		撬棍	2根	1.5m、1.2m各1根		安装员	

续表

序号	类型	名称	数量	规格型号	示意图	责任人	备注
16		锤子	2个	6磅或羊角锤		安装员	
17		电动扳手	1套	锂电池款		安装员	
18		牵引绳	4条	—		挂钩员、装配工(地面)	
19	工具仪器	水平仪	1台	五线		测量员	复核架体实际标高
20		卷尺	1把	5m		测量员	
21		笔	若干	—		测量员	
22		A4纸	若干	—		测量员	

续表

序号	类型	名称	数量	规格型号	示意图	责任人	备注
23	工具仪器	墨斗	1个	—		测量员	
24		粉笔	若干	—		测量员	
25		手持式砂轮机	1台	—		安装员	根据施工现场实际情况配置

4. 起重设备准备

塔式起重机司机负责、地面指挥员和楼面指挥员配合，做好塔式起重机吊运前准备工作。

5. 构配件准备

安装员、构件装配工（地面）负责准备预制楼梯。安装员、构件装配工（地面）在准备预制楼梯时，要检查是否完成了构件进场检验工序，没有进行构件进场检验的，应当先进行构件进场检验，再进入本环节。对于进场检验合格后堆放在地面的预制楼梯，要针对堆放可能引起预制构件变形的项目进行复核。

6. 安装位置准备

（1）测量员和安装员负责检查预制楼梯支撑体系；确保安全可靠，无吊装障碍物，无灰浆残渣、垃圾碎块等建筑垃圾（安装员负责）；确保预制楼梯支承点标高符合要求（测量员负责）。

（2）测量员负责在安装位置画出边线控制线（通常4条，尽可能在结构构件上划线，不能在结构构件上划线的，才在支撑体系上划线）。

（3）注意清除吊运路径上的模板、外架等材料。

7. 确定吊装路径

包括吊运构件路径（包括在构件堆放处起吊、空中运输、对准就位的路径以及构件在空中的姿态）和作业人员站位、移动路径等，由楼面指挥员负责。

8. 作业环境准备

确保构件吊运过程中无障碍，设置安全作业区（原则上用警示带标识），由楼面指挥员负责，地面指挥员协助。

6.4.2 吊装作业

1. 吊装作业流程（图6.4.1）

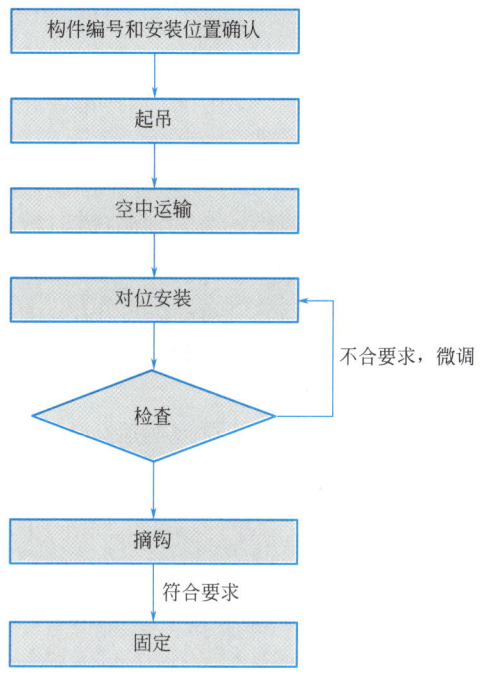

图6.4.1 吊装作业流程图

2. 构件编号和安装位置确认

楼面指挥员和地面指挥员负责，对照图纸确认需要吊装的预制构件的编号、安装位置等信息（图6.4.2），避免张冠李戴。

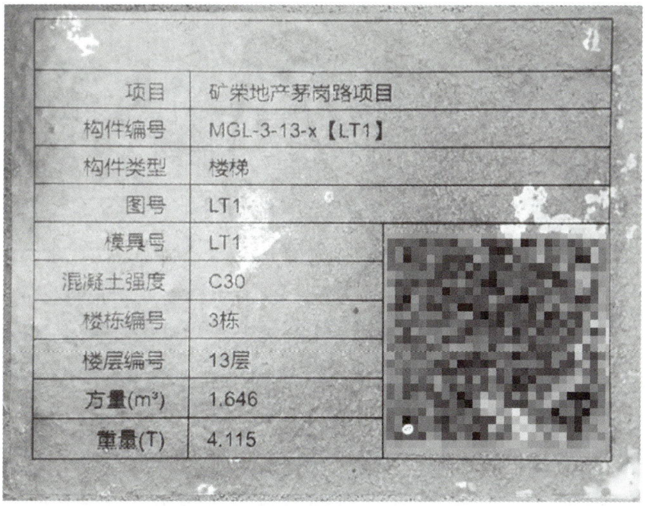

图6.4.2 预制楼梯标签

3. 起吊

采用四个万向旋转扣、两个卸扣、四根吊索（钢丝绳，两长两短）、两个手拉葫芦吊装预制楼梯（事先计算好吊索长度，并按计算结果调整好手拉葫芦的长度，确保预制楼梯吊离地面后的姿态跟安装对位姿态一致，见图 6.4.3）。在四个吊点上装上万向旋转扣；将两条短的吊索（钢丝绳）一端装上卸扣，另一端挂在起重设备吊钩上；将两条长的吊索（钢丝绳）一端挂在吊钩上，一端挂上葫芦的吊钩；启动起重设备，将起重设备吊钩置于预制楼梯上方合适位置；将两个卸扣与预制楼梯上端两个万向旋转扣连在一起，将两个手拉葫芦另一吊钩分别挂在预制楼梯下端的两个万向旋转扣上。启动起重设备进行试吊，将预制楼梯下端吊离地面 200~300mm 时暂停，观察预制楼梯是否下坠、是否平衡（注意微调手拉葫芦使预制楼梯每个梯步处于水平状态）、吊具连接是否牢靠；无以上问题，即为试吊成功；试吊成功的，在楼梯两端套上牵引绳，正式起吊。正式起吊时，注意扶住预制楼梯至其距地面 1m 左右时彻底松手，避免预制楼梯在空中旋转。

4. 空中运输

在吊运过程中，预制楼梯底部超过外架或爬架后，方可较大幅度旋转塔式起重机（图 6.4.4）。

图 6.4.3 预制楼梯安全平衡起吊

图 6.4.4 预制楼梯空中吊运

5. 对位安装及检查

预制楼梯吊装到安装位置附近后，慢慢下落至安装位置上方约 1m 时暂停，人工扶住预制楼梯（图 6.4.5），然后微调塔式起重机旋转，人工配合慢慢移动，初步对位后，人工观察预制楼梯两端安装位置上的 4 根预留钢筋，预制楼梯慢慢下放，使安装位置上的 4 根预留钢筋正好插入预制楼梯上下两端的 4 个预留孔。下放的过程中注意观察，直到预制楼梯平稳下放到安装位置上。人工观察测量边线，用撬棍调整预制楼梯（图 6.4.6），调整好以后再次来回检查，确保符合《预制构件安装与连接检验批质量验收记录表》（见附件二）相应要求（图 6.4.7）。

6. 摘钩

待预制楼梯安装固定后，两端装配工同时取钩（图 6.4.8），将吊绳从吊钩上取下，拆掉卸扣，将卸扣安装在吊索上，同时拆掉牵引绳并套在吊索上，起升塔式起重机吊钩，使吊索、卸扣和牵引绳等离开预制构件（注意防范吊具和牵引绳绊在预制构件上或相互碰撞）；继续吊装下一个预制构件，或将吊钩下落地面，然后将吊索、卸扣和牵引绳收起来放好。

图 6.4.5　安装工人在构件到达安全高度后扶板作业

图 6.4.6　撬棍调整预制楼梯　　　　　　图 6.4.7　安装好的预制楼梯

7. 固定

摘钩后，用螺栓固定预制楼梯（图 6.4.9）。

6.4.3　安全管理和文明作业要求

（1）接受安全技术交底，并予以遵循。
（2）遵循吊装安全管理一般要求。
（3）在扶持预制楼梯就位时，特别注意防范预制楼梯挤压手。
（4）使用非自己准备的工器具，在使用完后，应即刻交给负责准备工器具的责任人员保管，防止工具遗失或高空坠落伤人。

图 6.4.8　安装完成后装配工从两端取钩

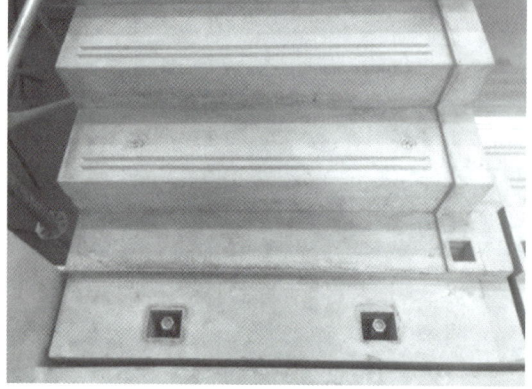
图 6.4.9　用螺栓固定预制楼梯

（5）任务完成后，构配件、工器具、设备、安装位置等复归原位，清理干净，养成工完场清的习惯。

6.4.4　质量管理要求

（1）接受质量技术交底，并予以遵循。

（2）选择有代表性的单元板块进行试安装，并根据试安装结果及时调整完善吊装方案和施工工艺。

（3）使用撬棍微调时，注意选好着力点，撬棍扁的一面要与预制构件全面贴合，保护好预制构件混凝土面。

（4）不得对预制构件进行切割、开洞。

（5）对预制构件上的预埋件应采取保护措施。

（6）对照《预制构件安装与连接检验批质量验收记录表》（见附件二），确保预制构件位置、标高、相邻构件底面平整度、搁置长度在允许偏差之内。

6.4.5　预制楼梯吊装操作任务训练

（一）训练任务

1. 训练组织

1个教学班组5名学员，3个教学班组组成教学大组。教练组（1名教练和1名助理教练）负责1个教学大组训练。在教练组指导下，1个教学班组进行作业准备、吊装作业、预制构件进场检验操练，其他教学班组观摩、温习有关知识等；各个教学班组轮流操练。

2. 训练内容

在教练组指导下，1个教学班组在实训基地工位上通过使用塔式起重机装配预制构件（实训基地配置1名塔式起重机司机，1名起吊信号工，配合操作塔式起重机。教学班组指挥员刚开始通过起吊信号工指挥塔式起重机司机，逐步过渡到直接指挥塔式起重机司机）或使用龙门吊装配实训室仿真构件；按照岗位分工并轮换岗位，反复训练达到15min完成装配任务的目标。

（1）构配件见附图—结施12预制楼梯详图。

（2）安装位置见附图－结施 01 结构平面布置图。

（3）起重设备具备含有无级变速功能，额定力矩在 120t·m 以上的塔式起重机或起吊重量 1 吨，采用环链电动葫芦，遥控控制，起吊高度不小于 3.8m，软启动电机电压 380V，功率不小于 800W 的龙门吊设备。

（4）工器具与本任务"一、施工实际""（二）作业准备""3. 工器具准备"部分相同。

(二) 作业准备训练

1. 人员准备训练

（1）岗位分工。对 1 个教学班组 5 名学员，细分岗位为指挥员（兼班组长）1 名、挂钩员 1 名、测量员 1 名、安装员 2 名（分别负责构件一侧），岗位职责见《构件装配班组岗位分工表》（附件三）。

（2）班前会议。在吊装作业训练前，进行班前会议，讲解吊装方案，明确岗位分工和操作要领，强调安全隐患、防范措施及有关注意事项。

（3）注意事项。5 名学员都戴上岗位（指挥员、挂钩员、测量员、安装员 A、安装员 B）胸牌和背码，以强化学员角色感知。

2. 作业条件和方法准备训练

（1）按照岗位分工，进行构配件、工器具、安装位置、作业环境准备，由指挥员确定吊装路径，并在指挥员的主持下，集体确认准备工作完成，达到 5min 全面完成准备工作的目标。

（2）基本知识训练。在吊装作业训练时，观摩的教学班组温习以下知识，教练在吊装作业训练过程中穿插讲解，以加深记忆。

① 本任务使用的吊绳（钢丝绳）在使用过程中出现下列哪些问题，就应该按照《起重机 钢丝绳 保养、维护、检验和报废》GB/T 5972—2023 相关标准进行相关检验工作，并根据损坏情况考虑报废？

☐ 钢丝绳的安全使用判定标准　　☑ 断丝的性质和数量　　☑ 绳端断丝
☑ 断丝局部聚集　　　　　　　　☑ 断丝的增加率　　　　☑ 绳股断裂
☑ 绳径减小，包括因绳芯损坏所致的情况　　☑ 弹性降低
☑ 外部和内部磨损　　　　　　　☑ 外部和内部锈蚀　　　☑ 变形
☐ 由于受热或电弧的作用引起的损坏　　　　☐ 永久伸长率
☐ 其他

② 卸扣是连接吊点与吊绳（钢丝绳）的连接工具，卸扣要正确地支撑着荷载，本任务在操作过程中出现下列哪些情况要考虑报废卸扣？

☑ 表面有裂纹　　　　☑ 本体扭曲达 10%　　　☑ 表面磨损达 10%
☑ 横销不能闭锁　　　☑ 横销变形达原尺寸 5%　☑ 螺栓坏死或滑牙等
☐ 其他

③ 本任务除了上述吊装机具外，还需选用的吊装机具有<u>起重机</u>、<u>钢丝绳</u>、<u>吊索</u>、<u>卸扣</u>。

④ 每次吊装预制构件前，都要对吊具进行检查，主要包括：

☑ 钢丝绳是否有磨损　　☑ 吊环安装装置是否锁死

☑初次使用时需检查钢预制楼梯的螺栓是否合格
☐其他
⑤ 确认钢筋位置。
为了有效地控制钢筋位置的准确性，需要采用的工具有：
☑钢筋　☑角钢　☑钢管　☑钢筋定位板　☐其他

3. 识图训练

以1个教学班组为单位，就本任务"一、施工实际""（二）作业准备""2. 图纸准备"中的图例和"二、真实训练""（一）训练任务"中的图例为内容，讲解识图基本知识、方法和要领，让教学班组集体学习掌握，同时指定教学班组1名学员作为识图任务负责人，保证班组内学员人人识图过关。

（三）吊装作业训练

教学大组全体学员先看吊装作业视频，了解装配作业工艺流程，教练组作必要的讲解示范后，学员开始操练。教练组要反复强调团队协作要求：一切行动听指挥，测量员和挂钩员搭档，两个安装员搭档。

教练组要关注每一个学员站位、移动路径和操作手法等，对不规范动作进行纠正，达到个人独立完成本岗位操作、团队高效协作的目标。

（四）构件进场检验训练

1. 基本知识

要求指挥员负责，组织本班组学员在观摩其他班组操练的同时学习以下知识，并由教练组在吊装作业训练过程中进行穿插讲解。

（1）对于本任务首批进场的预制构件，必须对照《预制构件检验批质量验收记录表》（见附件一）进行一般项目的全数检查，对每一预制构件每一项目检验合格的，为检验合格。对于本任务后续进场的预制构件，进场数量不超过 <u>100</u> 件为一批次，每批次应随机抽查预制构件数量的 <u>5%</u>（填百分比），且不少于 <u>3</u> 件，所抽查预制构件每一项目检验合格的，为检验合格。

（2）本任务预制构件检查的一般项目包括下列哪些项目？
☑长、宽、厚、高、对角线差值
☑侧向弯曲、表面平整度偏差
☐预埋件检查　☐灌浆孔检查
☐裂缝、破损处理　☐其他 <u>主筋保护层厚度、主筋外留长度</u>

（3）本任务预制构件在进场检查过程中发现下列情况需要作废弃处理的是：
☑影响结构性能且不能恢复的裂缝
☑影响钢筋、连接件、预埋件锚固的裂缝
☑影响结构性能且不能恢复的破损
☑影响钢筋、连接件、预埋件锚固的破损
☑裂缝宽度大于等于0.3mm，且裂缝长度超过300mm
☐其他

2. 实操训练

对于仿真构件和真实构件，在教学班组进行作业准备后吊装作业前，安排学员3人一组进行检查（对于测量项目原则上两人测量，一人记录），填写《预制构件检验批质量验收记录表》（附件一）。通过实地检查，加深学员记忆。

（五）构件堆放和运输训练

安排学员在观摩其他班组操练的同时温习本任务"一、施工实际""（五）构件堆放和运输"部分知识和以下知识，由教练组在吊装作业训练过程中进行穿插讲解，以加深记忆。

本任务预制构件堆放场地应满足下列哪些项目要求？

☑预制构件进场前，应绘制预制构件堆放平面布置示意图

☑堆放场地应平整、坚实，并应有排水措施

☑预制构件存放位置应在起吊设备覆盖范围内，避免二次倒运

☑存放时应按吊装顺序、规格、品种、所属楼栋号等分区存放

☑存放预制构件之间宜设宽度为 0.8～1.2m 的通道

☐其他

（六）安全和文明作业管理训练

（1）在作业准备和吊装作业训练中，要强化指挥员的安全管理意识，要求其在指挥团队作业过程中，密切关注装配过程中的安全状态，做到"不安全不作业"，要眼观六路，耳听八方，不到万不得已，不帮助其他组员做具体事务。

（2）要求指挥员负责，组织本班组学员在观摩其他班组操练的同时学习"一、施工实际""（六）安全管理和文明作业要求"内容；教练组在吊装作业训练过程中进行穿插讲解。

（3）教练组要及时指出吊装作业过程中的安全问题，督促教学班组及学员落实"一、施工实际""（六）安全管理和文明作业要求"有关内容。

（4）要不断强调职业素养训练中安全意识的核心要义——"小心"（小心驶得万年船）。

（七）质量管理训练

（1）要求指挥员负责，组织本班组学员在观摩其他班组操练的同时学习"一、施工实际""（七）质量管理要求"内容；教练组在吊装作业训练过程中进行穿插讲解，直至学员熟练记忆。

（2）要求学员不断总结，力争将预制构件一次性准确就位，深入掌握微调技巧。

（3）正确熟练使用撬棍，避免损坏预制构件。

（4）要不断强调职业素养训练中质量意识的核心要义——"标准意识"（质量就是符合标准要求）。

（八）其他

1个教学大组在本项任务训练结束时，各个学员要分别就岗位、团队训练等方面谈感受、体会、存在的问题、改进的建议等，最后，教练进行总结讲评。

任务 6.5 预制楼梯安装施工

6.5.1 预制楼梯安装施工工艺流程（图 6.5.1）

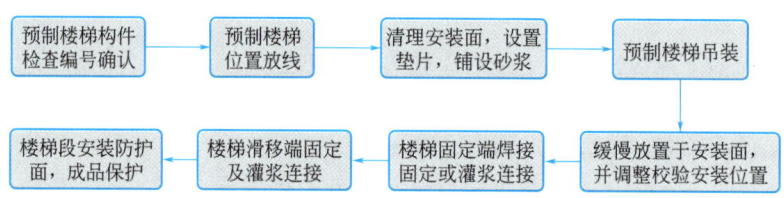

图 6.5.1 预制楼梯安装施工工艺流程图

6.5.2 预制楼梯固定连接

预制楼梯与支承构件之间宜采用简支连接。采用简支连接时，预制楼梯宜一端设置固定铰，另一端设置滑动铰（图 6.5.2），其转动及滑动变形能力应满足结构层间位移的要求，且预制楼梯端部在支承构件上的最小搁置长度应符合表 6.5.1 的规定。预制楼梯设置滑动铰的端部应采取防止滑落的构造措施。

预制楼梯端部在支承构件上的最小搁置长度　　　　　　　　表 6.5.1

抗震设防烈度	6 度	7 度	8 度
最小搁置长度（mm）	75	75	100

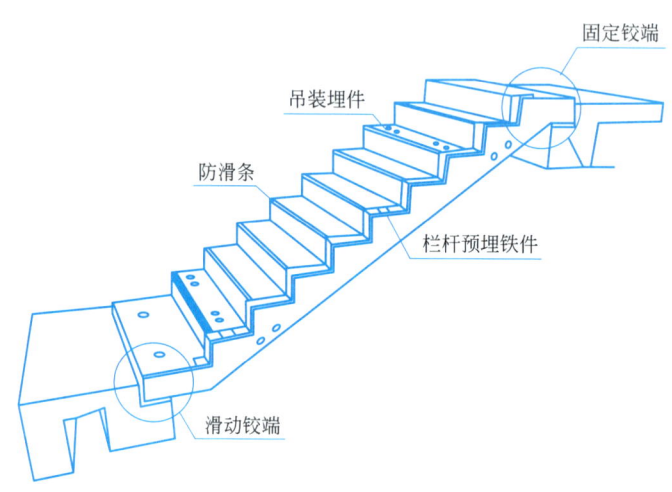

图 6.5.2 楼梯与支撑构件连接

6.5.3 预制楼梯安装施工要点

（1）施工准备：清理楼梯段安装位置的梁板施工面，检查预制楼梯构件规格及编号。
（2）定位放线：根据施工图纸，弹出楼梯安装控制线，并对控制线及标高进行复核，控制安装标高。梯井根据楼梯栏杆安装要求预留 40mm 左右空隙。进行预制楼梯安装的位置测量定位，并标记梯段上、下安装部位的水平位置与垂直位置的控制线。

（3）调节梯段位置调整垫片，在梯梁支撑部位预铺设水泥砂浆找平层（图 6.5.3）。

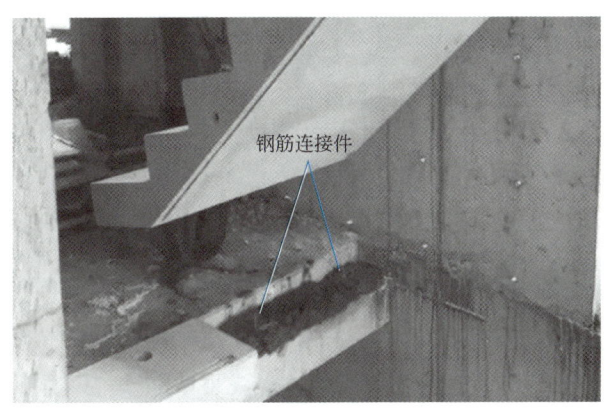

图 6.5.3　楼梯与底部支撑端连接

（4）吊装板式楼梯：将预制梯段吊至预留位置，进行位置校正。预制楼梯吊装前，施工管理及操作人员应熟悉施工图纸，按照吊装流程核对构件编号，确认安装位置，并标注吊装顺序。预制楼梯梯段采用水平吊装，吊装时，应使踏步平面呈水平状态，便于就位。板起吊前，检查吊环，用卸扣卡环锁紧。就位时楼梯板要从上垂直向下安装，在作业层上空 300mm 左右处略作停顿，施工人员手扶楼梯板调整方向，将楼梯板的边线与梯梁上的安放位置线对准，放下时应停稳慢放，严禁快速猛放，以避免冲击力过大造成板面开裂。长度超过 3.2m 的预制楼梯应以平衡架吊装。预制楼梯翻转时应注意安全。

（5）楼梯位置调整：基本就位后再微调楼梯板，直到位置正确，搁置平实。安装楼梯板时，应特别注意标高正确，校正后再脱钩。

（6）在楼梯销件预留孔封闭前对楼梯梯段板进行验收。

（7）按照设计要求，先进行楼梯固定铰端施工（图 6.5.4），再进行滑动铰端施工（图 6.5.5）；楼梯采用销键预留洞与梯梁连接的做法时，应参照国标图集《预制钢筋混凝土板

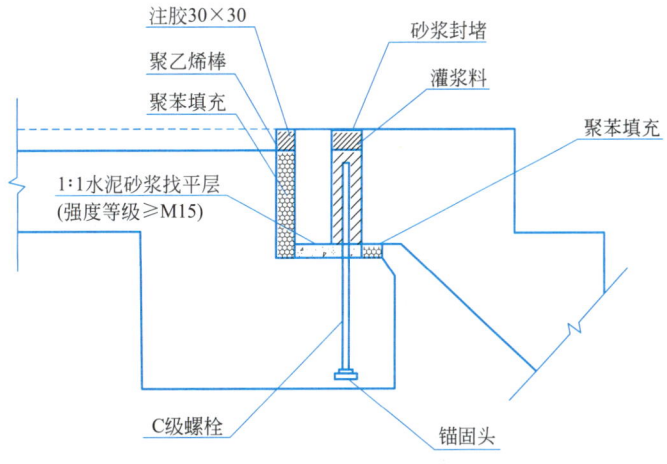

图 6.5.4　固定铰端安装节点

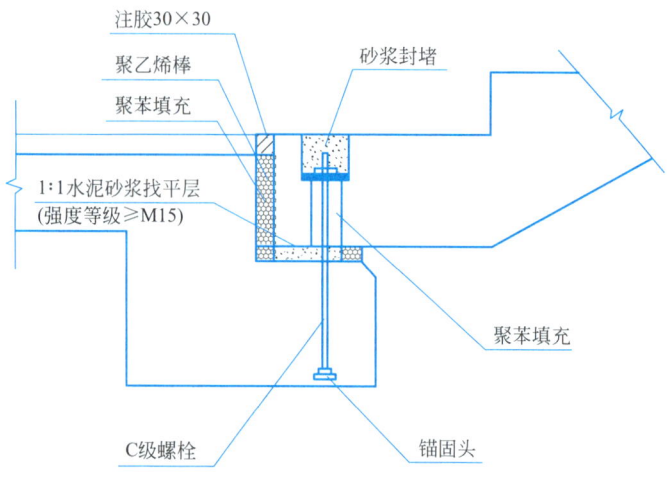

图 6.5.5 滑动铰端安装节点

式楼梯》15G367—1 固定铰端节点做法实施；采用其他可靠连接方式，如焊接连接时，应符合设计要求或国家现行有关施工标准的规定。

（8）预制楼梯段安装施工过程中及装配后应做好成品保护，成品保护可采取包、裹、盖、遮等有效措施，防止构件被撞击损伤和污染。

项目 7

装配式建筑防水施工

Chapter 07

14. 接缝打胶施工工艺

知识目标

1. 熟悉使用工具及设备。
2. 熟悉装配式建筑外墙防水施工工序。
3. 了解装配式建筑防水施工质量验收要点。

能力目标

1. 掌握装配式建筑外墙防水施工的方法。
2. 了解装配式建筑外墙防水施工操作要点。
3. 了解装配式建筑防水施工质量验收要点。

素质目标

1. 培养爱岗敬业的职业素养与严谨的专业精神。
2. 培养工程生产高效优质的质量意识。
3. 具备精益求精的专业精神。

导读

- **基本要求**

熟悉装配式建筑外墙防水的基本知识,包括其定义、分类、应用范围和施工流程。掌握生产工艺,如原材料选择、导水管安装、美纹纸粘贴、打胶及养护等环节;能够完成打胶操作,处理丁字接头、十字接头处的缝隙;确保质量可靠,满足工程需求。

- **重点**

导水管安装、美纹纸粘贴、打胶及养护。

- **难点**

导水管安装、美纹纸粘贴、打胶及养护。

任务7.1 认识防水材料

装配式混凝土构件外墙防水主要包括封闭式防水和开放式防水,开放式防水产品质量容易控制和检验,施工时无须嵌填密封胶,安全简便,但对产品保护要求较高,预埋橡胶条一旦损坏,更换困难,目前国内使用这项技术的项目还非常少。故本章仅涉及封闭式防水,即构造防水和材料防水相结合。当采用封闭式防水设计时,宜采用构造防水为主,材料防水为辅的构造形式。

材料防水是依靠防水密封材料阻断水的通路,达到防水的目的,如接缝嵌填密封胶、外挂墙板周边设置气密条等。

构造防水是采取合适的构造形式,阻断水的通路,以达到防水的目的,如接缝处采用企口构造、设置空腔构造等。

7.1.1 防水材料要求

混凝土预制件具有一定的热胀冷缩性,其接缝是典型的大位移伸缩缝,其位移受环境温度因素影响较大。大位移伸缩缝要求密封防水材料达到以下几点:

(1) 防水性、气密性、绝缘性;
(2) 对混凝土基面有良好的粘结;
(3) 良好的耐候性能;
(4) 高弹性、高位移能力以适应大位移伸缩缝的移动要求。

7.1.2 常用防水材料

装配式混凝土构件外墙防水工程的防水材料主要有防水材料、密封材料及相关配套材料三大类。防水涂料主要分为聚合物水泥防水涂料、聚氨酯防水涂料和聚合物乳液防水涂料。防水密封材料选用耐候性密封胶,密封胶应与混凝土具有相容性,并具有低温柔性、防霉性及耐水性等性能,气密条可采用三元乙丙橡胶、氯丁橡胶或硅橡胶等。配套材料有背衬材料、防漏浆胶带、导水管、遇水膨胀止水条和基层界面处理剂等材料。背衬材料一般采用直径为缝宽1.3~1.5倍的发泡闭孔聚乙烯棒或发泡氯丁橡胶棒。防漏浆胶带宜采用自粘丁基胶带。导水管内径不宜小于10mm,外径不应大于接缝宽度,管壁厚度不应小于1mm,且应采用PE或橡胶材料制作的圆形管。见图7.1.1、图7.1.2。

图7.1.1 发泡闭孔聚乙烯棒

图7.1.2 发泡氯丁橡胶棒

项目 7 装配式建筑防水施工

任务 7.2 外墙板缝防水

7.2.1 外墙板缝防水的工艺流程（图 7.2.1）

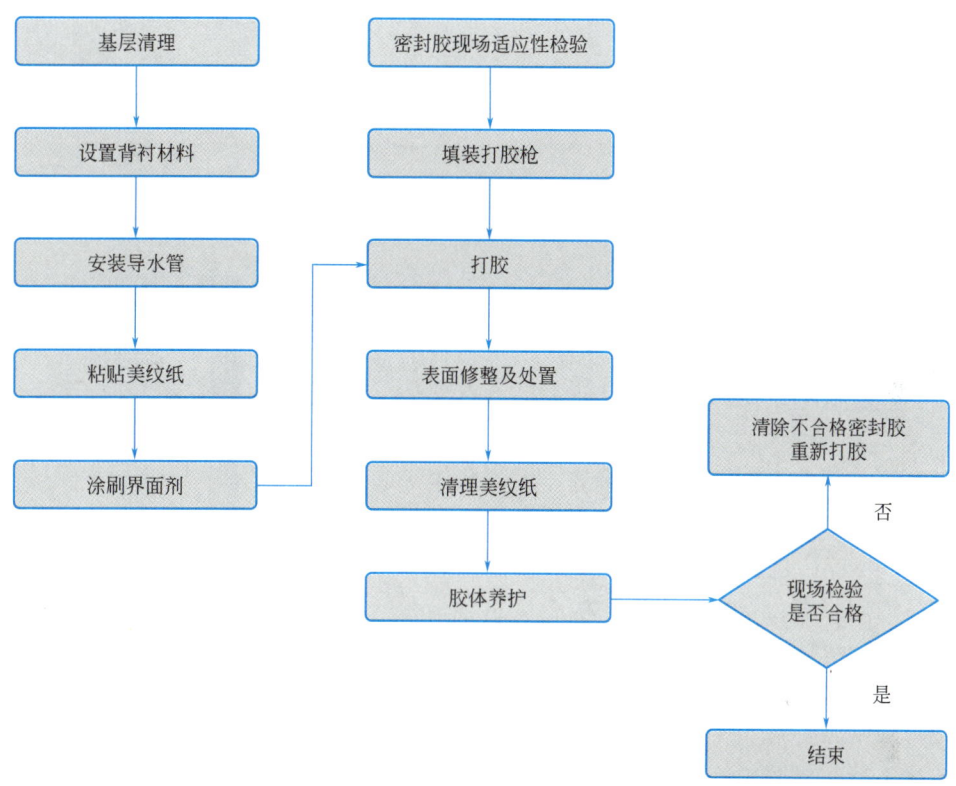

图 7.2.1 外墙板缝防水的工艺流程图

7.2.2 外墙板缝防水的施工准备

接缝施工机具应包括手动型或气动型注胶枪（图 7.2.2）；清理接缝用毛刷、擦布、压缩空气机或真空吸尘器；修整用抹刀和温度计等。

接缝施工前，应清理接缝处残渣；基材应保持干燥、整洁，不得有油污和灰尘，应确认接缝宽度和深度、接缝内腔基面情况、基层干燥情况等符合设计要求。密封胶施工前，与其接触的有机材料应进行相容性试验，检测合格后方可施工。

7.2.3 设置背衬材料

嵌填密封胶前应在接缝处满铺背衬材料，背衬材料与接缝两侧基材之间不得留有空隙。通常情况下，背衬材料应大于接缝宽度的 25%，实现接缝宽深比 2∶1 或 1∶1（当接缝宽度小于 10mm 时，宽深比 $A∶B=1∶1$，当接缝宽度大于 10mm 时，宽深比为 $A∶B=2∶1$）。如果接缝太小或被填充物覆盖而无法放置背衬材料时，需使用粘结隔离带，覆盖接缝底部（图 7.2.3）。

157

装配式建筑施工技术

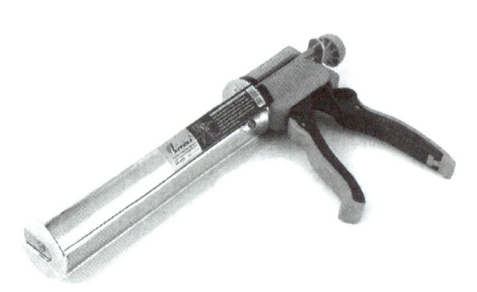

图7.2.2 气动型注胶枪

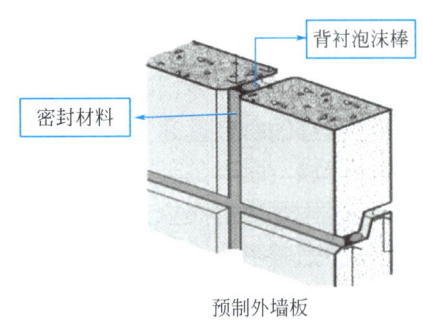

图7.2.3 设置背衬材料

7.2.4 安装导水管

安装前，应在预留导水管安装位置满铺背衬材料，背衬材料高度应控制在30cm以上50cm以内的范围，角度应设置为20°以上以保证水可以自然地流出。

导水管安装要点如下：清洁接缝，去除灰尘等污渍。把底涂在附着面进行涂抹，底涂干燥时间至少要保证30min。进行密封胶的施工，用刮刀将密封胶进行均匀平整。安装导水管，检查导水管是否可以通水，导水管应选择直径为8mm以上的管，安装时应保证导水管突出外墙的部分至少5mm长。进行外墙接缝密封胶施工。进行底涂涂布。在外墙PC板间接缝进行密封胶施工。用刮刀按压导水管周围的密封胶，并进行均匀平整，最后去除防护胶带（图7.2.4）。

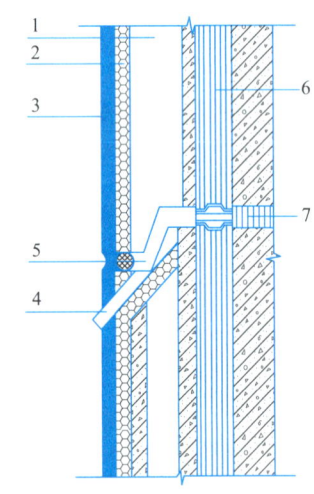

图7.2.4 安装导水管
1—竖向空腔；2—背衬材料；3—密封胶；
4—导水管；5—水平向空腔；6—气密条；
7—防火封堵材料

7.2.5 粘贴美纹纸

美纹纸粘贴应连续、平整、牢固，粘贴宽度不应小于20mm（图7.2.5）。

7.2.6 涂刷界面剂

接缝处界面剂宜单向涂刷均匀，不应漏涂。

7.2.7 打胶

15. 接缝打胶
设备操作

密封胶嵌填施工应满足下列要求：注胶应在界面剂表干后开始，且应在界面剂涂刷后8h内完成；单组分密封胶可直接使用；多组分密封胶应按产品说明书中规定的配合比投料，且应混合均匀使用；应根据接缝宽度选用适宜的胶枪嘴（图7.2.6）。

注胶时应沿单向均匀连续注胶，不得往复注胶；交叉接缝处注胶时，应在接缝交叉口处注入足量的密封胶，再分别向各接缝方向牵引注胶；

注胶完成后，应及时用抹刀对胶缝进行压实和修整；密封胶修整完成后，应及时清除美纹纸，并进行清扫。

图 7.2.5　粘贴美纹纸

图 7.2.6　打胶

7.2.8　胶体养护

接缝防水施工过程中，应对密封胶成品和半成品采取保护措施，密封胶固化前应避免污染和淋水。密封胶完全固化前，接缝处不得侧向受力。接缝处密封胶遇有起鼓、脱落、开裂、老化等缺陷，应及时修补或更换。接缝修补时，宜选用施工中使用的同类密封胶，当选用其他类别密封胶时，应进行验证性试验。

7.2.9　接缝防水施工任务实操训练

根据以上操作流程，完成建筑预制外墙拼接缝的密封防水施工，并做好以下要求：
1. 能进行施胶工机具的选择。
2. 能检查缝宽和缝深，完成墙体基材（墙缝处）清洁、干燥和两侧防污胶带粘贴。
3. 能按设计完成背衬材料及防粘材料的填充。
4. 能进行底涂液涂刷。
5. 能根据产品说明书拌制双组分封缝胶。
6. 能完成打胶操作，处理丁字接头、十字接头处的缝隙。
7. 工完料清，做好成品保护。

任务 7.3　防水施工质量检验

装配式混凝土构件外墙防水工程的质量验收，应符合国家现行标准《建筑工程施工质量验收统一标准》GB 50300—2013、《装配式混凝土建筑技术标准》GB/T 51231—2016、《装配式混凝土结构技术规程》JGJ 1—2014 的有关规定，并应提供墙面防水及接缝防水施工图设计文件，设计变更文件及洽商记录等、专项施工方案、材料型式检验报告和进场复验报告、密封胶现场施工记录、隐蔽工程验收记录、现场淋水试验报告、施工质量缺陷处理方案和验收记录等相关资料的记录。

7.3.1 进场检验

各类防水材料进场前应进行检验，密封胶应检查质量证明文件、型式检验报告、出厂检验报告等文件。密封胶进场复验项目应包括外观、流动性、表干时间、挤出性（或适用期）、弹性恢复率、拉伸模量、定伸粘结性、浸水后定伸粘结性、污染性、相容性、耐久性。防水涂料、背衬材料、气密条、填缝剂、界面处理剂均需提供出厂合格证、质量检验报告和现场抽样复验报告。

7.3.2 质量验收

施工完成后应进行质量验收。主控项目主要是检查密封胶和外墙板接缝的防水性能。固化后的密封胶需检查施工记录和隐蔽工程验收记录，割开尺量检查是否与基材粘结牢固，其宽度和厚度应符合设计要求。装配式混凝土构件外墙板接缝的防水性能需通过检查现场淋水试验报告是否符合设计要求。一般项目主要检查气密条、密封胶、导水管、外墙外观质量。气密条应连续、均匀、安装牢固，导水管安装应符合设计要求，检验方法均采用观察检查和检查隐蔽工程验收记录。装配式混凝土建筑外墙外观质量应符合现行国家标准《建筑装饰装修工程质量验收标准》GB 50210—2018的有关规定。

项目 8

装配式建筑现场智能管理

Chapter 08

知识目标

1. 熟悉预制构件运输要点。
2. 熟悉预制构件存放要点。
3. 熟悉装配式混凝土结构工程现场管理。

能力目标

1. 掌握预制构件运输准备、运输方式及成品保护。
2. 掌握预制构件存放原则、存放要求、存放方式及成品保护。
3. 掌握装配式混凝土结构工程现场管理。

素质目标

1. 培养爱岗敬业的职业素养与严谨的专业精神。
2. 培养工程生产高效优质的质量意识。
3. 具备精益求精的专业精神。

导读

- **基本要求**

熟悉装配式建筑现场智能管理的基本知识,包括其预制构件运输、预制构件存放、装配式混凝土结构工程现场管理。能够基于装配式建筑施工的生产工艺,对施工现场进行合理高效的施工组织安排。

- **重点**

预制构件运输准备、运输方式、预制构件存放原则、存放要求、存放方式、装配式混凝土结构工程现场管理、装配式混凝土结构工程质量管理、装配式混凝土结构工程安全管理。

- **难点**

预制构件运输准备、预制构件存放原则、装配式混凝土结构工程现场管理、装配式混凝土结构工程质量管理、装配式混凝土结构工程安全管理。

任务 8.1 预制构件的运输

预制构件的运输包括厂内转运和厂外运输，在转运前需确保运输方案合理、运距最优，运输过程中需做好构件的防护。本节主要介绍两种主要的运输方式以及厂内和厂外运输分别需要注意的事项。

预制构件吊运的一般规定

8.1.1 预制叠合底板制作准备

（1）应根据预制构件的形状、尺寸、重量和作业半径等要求选择吊具和起重设备，所采用的吊具和起重设备及其操作，应符合国家现行有关标准及产品应用技术手册的规定。

（2）吊点数量、位置应经计算确定，应保证吊具连接可靠，保证起重设备的主钩位置、吊具及构件重心在竖直方向上重合。

（3）吊索与构件水平夹角不宜小于60°，不应小于45°。

（4）应采用慢起、稳升、缓放的操作方式，吊运过程中应保持稳定，不得偏斜、摇摆和扭转，严禁吊装构件长时间悬停在空中。

（5）吊装大型构件、薄壁构件或形状复杂的构件时，应使用分配梁或分配桁架类吊具，并应采取避免构件变形和损伤的临时加固措施。

（6）叠合板上的甩筋（锚固筋）在堆放、运输、吊装过程中要注意保护，不得反复弯曲或折断。

（7）吊装叠合板不得采用"兜底"多块吊运，应按预留吊环位置，采用八个点同步单块起吊的方式，吊运中不得冲撞叠合板。

8.1.2 预制构件的主要运输方式

预制构件主要的运输方式包括立式运输和平层叠放运输。

1. 立式运输

在低盘平板车上安装专用运输架，墙板对称靠放或插放在运输架上。内外墙板和PCF板（预制外挂墙板）等竖向构件多采用立式运输方案。

2. 平层叠放运输

将预制构件平放在运输车上，一件件往上叠放，一起运输。叠合板、阳台板、楼梯、装饰板等水平构件多采用平层叠放运输方式。

8.1.3 厂内转运

预制构件的厂内转运是指预制构件从生产车间运至堆放场地的过程。

1. 转运流程

选择运输方法。选择机具、运输车辆，清点需装运的构件，检查填写构件转运记录单、构件转运及堆场存放转运录单并存档。转运流程当生产车间与堆放场地间铺筑有轨道时，可采用轨道小车实现转运；如没有轨道，则应根据构件形状、尺寸、重量等选择合适的运输工具。

2. 注意事项

（1）运输道路必须平坦坚实，有足够的宽度和转弯半径。

（2）一般运输时，构件混凝土强度不应低于设计强度的85%，屋架和薄壁构件应达到设计强度的100%。

（3）预制构件的支点和装卸车时的吊点，应按设计要求确定。

（4）构件在运输过程中，必须有固定措施，以防运输途中倾倒，或转弯时甩出。

（5）应根据构件重量、尺寸和类型选择合适的运输车辆和装卸机械。

（6）构件应按平面布置图所示位置进行堆放，避免二次倒运。

8.1.4　厂外运输

制订运输方案：

（1）先在地图上进行运输路线的模拟规划。

（2）根据规划路线进行实地考察，对每条运输路线所经过的桥梁、涵洞、隧道等结构物的限高、限宽要求进行详细记录，确保车辆顺利通过。

（3）合理选择2~3条路线，其中一条作为常用运输路线，其余作为备用方案。

（4）运输车辆经过城区道路时，应遵循国家和地方的道路交通管理条例，确保不扰民、不影响居民。

（5）控制合理运输半径，考虑运输费用占构件销售单价的比例。

8.1.5　预制构件在运输过程中应做好安全和成品防护，并应符合下列规定

（1）应根据预制构件种类采取可靠的固定措施。

（2）对于超高、超宽、形状特殊的大型预制构件的运输和存放，应制订专门的质量安全保证措施。

（3）运输时宜采取如下防护措施：设置柔性垫片避免预制构件边角部位或链索接触处的混凝土损伤；用塑料薄膜包裹垫块避免预制构件外观污染；墙板门窗框、装饰表面和棱角采用塑料贴膜或其他措施防护；竖向薄壁构件设置临时防护支架；装箱运输时，箱内四周采用木材或柔性垫片填实，支撑牢固。

（4）应根据构件特点采用不同的运输方式，托架、靠放架、插放架应进行专门设计，进行强度、稳定性和刚度验算。

① 外墙板宜采用立式运输，外饰面层应朝外，梁、板、楼梯、阳台宜采用水平运输。

② 采用靠放架立式运输时，构件与地面倾斜角度宜大于80°，构件应对称靠放，每侧不大于2层，构件层间上部采用木垫块隔离。

③ 采用插放架直立运输时，应采取防止构件倾倒的措施，构件之间应设置隔离垫块。

④ 水平运输时，预制梁、柱构件叠放不宜超过3层，板类构件叠放不宜超过6层。

任务8.2　预制构件的存放

预制混凝土构件如果在存储环节发生损坏、变形将会很难修补，既耽误工期又会造成

经济损失。因此，大型预制混凝土构件的存储方式非常重要。在堆放前应做好堆放场地的硬化处理，并设置良好的排水措施。

8.2.1 预制构件存放原则

（1）物料储存要分门别类，按"先进先出"的原则堆放物料，原材料须填写"物料卡"标识，并有相应台账以供查询。对有批次规定特殊原因而不能混放的同一物料应分开摆放。

（2）物料储存要尽量做到"上小下大，上轻下重，不超过安全高度"。

（3）物料不得直接放置在地上，必要时加垫板、工字钢、木方或置于容器内，予以保护存放。

（4）物料要放置在指定区域，以免影响物料的收发管理。

（5）不良品与良品必须分仓或分区储存、管理，并做好相应标识。

（6）储存场地须适当保持通风，以保证物料品质不发生变异。

8.2.2 预制构件存放的一般要求

（1）存放场地应平整、坚实，并应有排水措施。

（2）存放库区宜实行分区管理和信息化台账管理。

（3）应按照产品品种、规格型号、检验状态分类存放，产品标识应明确、耐久，预埋吊件应朝上，标识应向外。标识内容宜包括构件编号、制作日期、合格状态、生产单位等信息。

（4）应合理设置垫块支点位置，确保预制构件存放稳定。支点宜与起吊点位置一致。

（5）与清水混凝土面接触的垫块应采取防污染措施。

（6）预制构件多层叠放时，每层构件间的垫块应上下对齐；预制楼板、叠合板、阳台板和空调板等构件宜平放，叠放层数不宜超过6层；长期存放时，应采取措施控制预应力构件起拱值和叠合板翘曲变形。

（7）预制柱、梁等细长构件宜平放且用两条垫木支撑。

（8）预制内外墙板、挂板宜采用专用支架直立存放，支架应有足够的强度和刚度，薄弱构件、构件薄弱部位和门窗洞口应采取防止变形开裂的临时加固措施。

（9）预制构件应堆放在堆场的指定位置，并应有满足周转使用的场地，堆场应设置在塔式起重机的工作范围内，且工作范围内不得有障碍物，堆垛之间宜设置通道。

8.2.3 主要预制构件的存放方式

1. 叠合板存放

叠合板存储应放在指定的存放区域，存放区域地面应保持水平。叠合板需分型号码放、水平放置。第一层叠合板应放置在H型钢（型钢长度根据通用性一般为3 000mm）上，保证桁架筋与型钢垂直，型钢距构件边500~800mm。层间用4块100mm×100mm×250mm的方木隔开，四角的4个方木平行于型钢放置，存放层数不超过8层，高度不超过1.5m，如图8.2.1所示。

2. 墙板的存放（图8.2.2）

墙板采用立放专用存放架，墙板长度小于4m时墙板下部垫两块100mm×100mm×

项目 8　装配式建筑现场智能管理

图 8.2.1　叠合板存放

250mm 的木方，两端距墙边 300mm 处各一块木方。墙板长度大于 4m 或带门口洞时，墙板下部垫 3 块 100mm×100mm×250mm 的木方，两端距墙边 300mm 处各一块木方，墙体重心位置处一块。同时，预制外墙面靠放时，外饰面应朝内。

图 8.2.2　墙板的存放

3. 楼梯的存放（图 8.2.3）

楼梯应存放在指定的储存区域，存放区域地面应保证水平。楼梯应分型号码放。折跑楼梯左右两端第三个踏步位置应垫 4 块 100mm×100mm×500mm 的木方，距离前后两侧为 250mm，保证各层间木方水平投影重合，存放层数不超过 6 层。同时，预制构件存放处 2m 范围内不应进行电焊、气焊作业。

4. 梁、柱的存放

梁、柱应存放在指定的存放区域，存放区域地面应保持水平，分型号码放、水平放置。第一层梁应放在"H"型钢（型钢长度根据通用性一般为 3 000mm）上，保证长度方向与型钢垂直，型钢距构件边 500～800mm，长度过长时应在中间间距 4m 处放置一道

165

图 8.2.3　楼梯的存放

"H"型钢，根据构件长度和重量，梁最高叠放 2 层，柱最高叠放 3 层。层间用 100mm×100mm×500mm 的方木隔开，保证各层间木方水平投影重合于"H"型钢。梁的储存如图 8.2.4 所示，柱的储存如图 8.2.5 所示。

图 8.2.4　梁存放　　　　　　　　　　图 8.2.5　柱存放

5. 预制阳台板的存放

预制阳台板叠放时，层与层之间应垫平、垫实，各层支垫应上下对齐，最下面一层支垫应通长设置，叠放层数不应大于 4 层。预制阳台板封边高度为 800mm、1 200mm 时宜单层放置。

6. 空调板的存放

空调板存放区域地面应保证平整。空调板应分型号码放，水平放置，层间用 2 根 40mm×70mm×500mm 的木方隔开，木方距两侧边缘 250mm 左右，保证各层间水平投影重合。空调板存放层数不超过 10 层。

7. 异形构件的存放

异形构件的储存要根据其重量和外形尺寸的实际情况，合理划分储存区域及储存形式，避免因损伤和变形造成构件质量缺陷。

8.2.4　预制构件成品保护

（1）预制构件成品外露保温板应采取防止开裂的措施，外露钢筋应采取防弯折的措施,外露预埋件和连接件等金属件应按不同环境类别进行防护或防腐、防锈处理。

(2) 宜采取保证吊装前预埋螺栓孔清洁的措施。

(3) 钢筋连接套筒、预埋孔洞应采取防止堵塞的临时封堵措施。

(4) 露骨料粗糙面冲洗完成后应对灌浆套筒的灌浆孔和出浆孔进行透光检查,并清理灌浆套筒内的杂物。

(5) 冬期生产和存放的预制构件的非贯穿孔洞,应采取措施防止雨、雪水进入发生冻胀损坏。

(6) 不得在板上任意凿洞,板上如需要打洞,应用机械钻孔,并按设计和图集要求做好相应的加固处理。

任务 8.3 施工现场管理

8.3.1 装配式混凝土结构工程的施工管理目标

装配式混凝土结构工程的施工管理主要是根据装配式建筑的特点,做好施工过程中的质量管理、进度管理、成本管理、安全文明管理、绿色施工等管理工作,保证项目在工期内保质保量完成,顺利完成项目验收交接工作。

装配式混凝土结构工程与传统现浇工程相比,在工程质量的控制上有更高的挑战,其施工管理总体目标为:在项目工期内、成本可控的范围内,按照施工组织计划高质量地完成项目的交付工作。

1. 质量可控

工业化生产,用机器取代人工,等于消除了工人在生产过程中犯错误的可能,机械设备的可靠性远高于工人现场操作施工的可靠性,能够有效避免传统施工方式中工人素质、技术能力和责任心等因素带来的质量风险,可以做到质量可控。

2. 成本可控

工业化生产,对原材料、机械设备和人工的使用量均能准确计算,现场施工环节、工序简单,施工全过程可预知、可模拟,能够有效避免传统施工方式施工过程中的原材料价格波动、劳动力成本变化、现场变更签证等成本风险,可以做到成本可控。

3. 进度可控

在设备产能、原材料供应充足的情况下,工业化的构配件生产进度完全可控;现场总装过程工序简单,能够有效避免传统施工方式施工过程中面临的劳动力不足、材料供应不畅、天气因素等进度风险,可以做到进度可控。

8.3.2 装配式施工与传统施工的比较

1. 机械化程度高

随着大量构件工厂化生产,现场施工主要为机械化安装,施工速度快,工人数量少,构件拆分和生产的统一性保证了安装的标准性和规范性,大大提高了工人的工作效率和机械利用率。

2. 绿色工地

与传统施工方式对比,装配式施工具有许多优点,包括施工现场取消外架,取消室内、外墙抹灰工序和楼板底模，钢筋由工厂统一配送，墙体塑料模板取代传统木模板，现场建筑垃圾大幅减少。

3. 施工过程标准化

PC 结构构件在工厂预制，运输至施工现场后通过大型起重机械吊装就位。施工工地没有混凝土浇筑、钢筋绑扎和支模板等大量的现场作业。由于将结构主体拆分为柱、墙、梁、板和楼梯等标准构件，因此现场需要严密的施工计划，吊装、安装过程要求标准化。

4. 施工人员产业化

与现浇混凝土建筑工程相比，PC 结构工程施工现场作业工人减少，特别是有些工种大幅减少，如模具工、钢筋工、混凝土工等。PC 结构作业也增加了一些新工种，如信号工、起重工、安装工、灌浆工等。因为这些新工种对工人的专业知识和技术要求更高，所以这些工种需要将原来的普通建筑工人转变为专业的装配式产业工人。

5. 工程管理信息化

构件从工厂生产到运输，再到施工现场组装，整个过程都需要准确到位，为了便于更好地管理与实施，需要借助 BIM 技术的信息化功能。利用 BIM 可以帮助工人迅速掌握吊装、安装工艺，利用构件二维码、RFID（射频识别）等技术可以实现构件生产、运输、进场、安装等的信息化管理。同时，装配式建筑的发展也促进了建筑信息化的程度。

8.3.3 施工组织设计编制

在编制施工组织设计之前，须仔细了解设计单位的相关设计资料。施工组织设计要符合现行装配式施工质量相关验收国家标准《混凝土结构工程施工规范》GB 50666—2011 等的要求，充分考虑装配式混凝土结构的工序工种繁多、各工种配合要求高、传统施工和 PC 结构构件吊装施工等交叉作业因素。本节主要针对施工组织设计编制的内容进行介绍。

1. 工程概况、编制依据、工程主要特点

工程概况主要包括工程名称、面积、地点、工程建筑、结构概况等基本信息。编写依据主要参考相应的国家标准及规范。工程主要特点包括工程结构特点、新技术的应用、工程施工难点、重点等说明。

2. 施工部署

施工部署一般包括工程管理的目标以及实施准备。其中，工程目标主要包括施工质量目标、安全目标、施工进度目标、绿色环保等目标。工程准备主要包括技术准备、物资、人力准备等。

3. 施工工期计划

在编制施工工期计划前应明确项目的总体施工流程、PC 结构构件制作流程、标准层施工流程等。在编制工程整体流程的时候要充分考虑 PC 结构构件的吊装与传统现浇结构施工的交叉作业，明确两者之间的划分及相互之间的协调。此外还要考虑起重设备作业工种的影响，尽可能做到流水作业，提高施工效率、缩短施工工期。

4. 临时设施布置计划

在编制设施布置计划的时候，除了传统的生活办公设施、施工便道、仓库及堆场等布置外，还要结合 PC 结构构件的数量、种类、位置，结合运输条件、垂直运输设备吊运半径等因素，编制合理的设施布置计划。

5. 机具、设备、工具计划

根据施工技术方案设计，制订需要的各种机具、设备、工具计划。

6. PC 结构构件的存放、进场、吊装计划

根据项目的进度，合理协调构件厂的生产计划，充分考虑交通因素，做好 PC 结构构件的进场顺序，并做好构件进场后的存放、吊装计划。

7. 主要分项工程施工计划

主要分项工程的施工计划主要包括各分项工程的施工难点、重点的工艺流程及方法，其中包括预制结构分项工程、模板分项工程、钢筋分项工程、混凝土分项工程、现浇结构分项工程等。

8. 质量管理计划

装配式建筑对构件的吊装、安装比传统现浇结构建筑有更高的质量要求，所以在质量管理计划中应明确质量管理的目标，并围绕管理目标重点开展 PC 结构构件制作、吊装、施工等过程的质量控制以及各不同施工段的重点质量管理规划及组织实施。做好施工人员的安装培训，使工程项目保质保量完成。

9. 安全管理计划

装配混凝土结构工程施工前，应对施工现场可能发生的危害、灾害和突发事件制订应急预案，并应进行安全技术交底，做好安全管理措施编写、现场人员安全培训、PC 结构构件的运输、吊装、安装等规范施工等工作。

8.3.4 装配整体式混凝土结构工程施工管理

装配整体式混凝土结构是由预制混凝土构件通过可靠的连接方式与现场后浇混凝土、水泥基灌浆料形成整体的装配式混凝土结构。装配整体式混凝土结构具有较好的整体性和抗震性。目前，大多数多层和全部高层装配式混凝土结构建筑采用装配整体式混凝土结构，有抗震要求的低层装配式建筑也多是装配整体式混凝土结构。

常见的装配式混凝土结构建筑包括装配整体式框架结构、装配整体式剪力墙结构、装配整体式框架—现浇剪力墙结构三种不同的结构体系。不同的结构形式在施工过程中的流程和管理重点也略有不同。施工实施主体在制订 PC 结构构件吊装整体流程时，要合理安排工期。下面就不同的结构形式分别介绍施工流程。

1. 施工流程遵循的基本原则

无论什么形式的装配式混凝土结构的施工流程都遵循 PC 结构构件和连接构件同步安装，"先柱、梁，后外墙构件"的安装顺序，下面就这两点进行说明。

（1）PC 结构构件与连接结构同步安装

建筑主体结构施工过程中装配式预制混凝土构件与连接结构同步安装是指建筑结构构件在工厂中预制成最终成品并运送至施工现场后，用塔式起重机将其吊运至结构施工层面并安装到位，与混凝土结构中的现浇柱、墙同步施工，并最终在该层结构所有预制和现浇构件施工完成后，浇筑混凝土形成整体。

（2）"先柱、梁结构，后外墙构件"

装配式混凝土结构"先柱、梁结构，后外墙构件"安装是指在建筑主体结构施工中，

先将主体结构承重部分的柱、梁、板等结构施工完成，待现浇混凝土养护达到设计强度后，再将工厂中预制完成的外墙构件安装到位，从而完成整个结构的施工。

2. 装配整体式框架结构的施工流程

装配整体式框架结构体系的主要 PC 结构构件有预制柱、预制梁、预制叠合楼板等。装配整体式框架结构体系是近几年发展起来的，主要参照日本的相关技术，包括鹿岛、前田等公司的技术体系，同时结合我国特点研究而形成的结构技术体系。目前，我国装配整体式框架结构的适用高度较低，一般适用于低层、多层和高度适中的高层建筑。这种结构形式要求具有开敞空间和相对灵活的室内布局。相对于其他的结构体系，该体系连接节点单一、简单，结构构件的连接可靠并容易得到保证，方便采用等同现浇的设计概念。框架结构布置灵活，很容易满足不同建筑功能需求，结合外墙板、内墙板以及预制楼板等的应用，预制率可以达到很高的水平。

标准层的具体施工流程为：先进行预制柱的放线、吊装、固定及灌浆，预制梁的放样、吊装及固定安装，接着进行预制楼板放样、安装及定位，再进行叠合楼板钢筋绑扎、连接、预埋件安装，最后进行现浇节点及叠合楼板的混凝土浇筑、养护等工作。

本环节中预制柱连接节点的灌浆施工环节是整个 PC 结构构件施工过程中的关键工序，直接影响工程的质量，所以在灌浆前应检查灌浆材料的相关指标是否满足设计要求。灌浆过程中对工艺过程进行严格检查。灌浆后对节点灌浆是否密实进行检查，保证灌浆环节的质量。

3. 装配整体式剪力墙结构的施工流程

装配整体式剪力墙结构的主要结构构件为预制剪力墙。预制剪力墙底部留孔或预埋套筒与预留钢筋通过灌浆进行结构连接。装配整体式剪力墙结构应用最广，使用该结构建造的建筑高度较大，主要应用于高层建筑或者低烈度且高度较大的高层建筑中。

装配整体式剪力墙结构的主要受力构件，如内外墙板、楼板等在工厂生产，并在现场组装而成。PC 结构构件之间通过现浇节点连接在一起，有效地保证了建筑物的整体性和抗震性能。

装配整体式剪力墙结构标准层施工流程主要包括预制剪力墙的测量放线、预制墙板安装及定位、预制墙板节点钢筋连接及现浇混凝土浇筑等工作。

4. 装配整体式框架-剪力墙结构的施工流程

装配整体式框架-剪力墙结构是由预制柱、梁等框架与剪力墙（预制或者现浇）共同承担竖向和水平荷载和作用的结构，兼有框架结构和剪力墙结构的特点，体系中剪力墙和框架布置灵活，容易实现大空间和较高的适用高度，满足不同建筑功能的要求。主要 PC 结构构件有：预制柱、预制主次梁、（预制或现浇）剪力墙等。当剪力墙在结构集中布置形成筒体时，就成为框架-核心筒结构。根据 PC 结构构件部位的不同，又可以分为装配整体式框架-现浇剪力墙结构、装配整体式框架-现浇核心筒结构、装配整体式框架-预制剪力墙结构三种形式。

主要施工流程包括预制墙柱安装测量放线、预制墙柱安装及定位、预制墙柱节点灌浆，预制主梁安装放样、预制主梁安装及定位，剪力墙钢筋绑扎及连接现浇叠合部分及节点混凝土浇筑等工序。

5. PC 结构构件安装主要工序一般要求

PC 结构构件的安装一般分为三个环节：首先根据 PC 结构构件安装的位置进行预制构件测量、定位，然后把预制构件吊装至相应位置，安装并完成现浇或者采用其他连接方式，最后完成结构构件连接。下面对三个主要步骤进行说明。

（1）PC 结构构件测量、定位

① 吊装前，应在构件和相应的支承结构上设置中心线和标高，并应按设计要求校核预埋件及连接钢筋等的数量、位置、尺寸和标高。

② 每层楼面轴线垂直控制点不宜少于 4 个，楼层上的控制线应由底层向上传递引测。

③ 每个楼层应设置一个高程引测控制点。

④ PC 结构构件安装位置线应由控制线引出，每个 PC 结构构件应设置两条安装位置线。

⑤ 预制墙板安装前，应在墙板上的内侧弹出竖向与水平安装线，竖向与水平安装线应与楼层安装位置线相符合（采用饰面砖装饰时，相邻板之间的饰面砖缝应对齐）。

⑥ 预制墙板垂直度测量，宜在构件上设置用于垂直度测量的控制点。

⑦ 在水平和竖向构件上安装预制墙板时，标高控制宜采用放置垫块的方法或在构件上设置标高调节件。

（2）PC 结构构件吊装

PC 结构构件吊装施工流程主要包括吊装器具准备，确定构件方向/编号/主筋位置，起吊、安装、位置调整，构件支撑旋紧，吊具脱钩等主要环节。准备工作有测量放样、临时支撑就位、斜撑连接件安放、止水胶条粘贴等，吊装的一般流程如图 5-9 所示。预制构件吊装时应注意如下内容：

① PC 结构构件堆放区域要在吊装设备的吊装半径内，避免构件的二次搬运，并保证不影响其他运输车辆的通行。

② 吊装顺序，除了柱、梁、板的吊装顺序之外，同一种构件中也存在不同的吊装顺序，吊装顺序可依据深化设计图和吊装施工顺序图执行。

③ 吊装前应该对构件进行质量检查，尤其检查注浆孔的质量并做好内部清理工作。

④ 人员、机械设备、构件等就位。不仅要设置专门的吊装指挥人员、信号指挥人员等，还要提前对设备、材料进行确认，保证吊装工作的顺利进行。

（3）结构构件连接

装配整体式结构构件连接可采用现浇混凝土连接、钢筋套筒灌浆连接和钢筋浆锚搭接、焊接连接、螺栓连接等方式。PC 结构构件与现浇混凝土接触面位置可采用拉毛或表面露石处理，也可采用凿毛处理。PC 结构构件插筋影响现浇混凝土结构部分钢筋绑扎时，可采用在 PC 结构构件上预留内置式钢套筒的方式进行锚固连接。

装配整体式结构的现浇混凝土连接要做到现浇混凝土连接处一次连续浇筑密实，浇筑的强度要求满足设计要求，现浇混凝土的强度等级不应低于连接处 PC 结构构件混凝土强度等级的最大值。采用焊接或螺栓连接时，应按设计要求进行连接，并应对外露铁件采取防腐和防火措施。

钢筋套筒灌浆连接广泛用于结构中纵向钢筋的连接，包括预制柱、预制墙等竖向构件的连接。钢筋套筒灌浆连接要求套筒的定位必须精准，浇筑混凝土前须对套筒所有的开口部位进行封堵，以防在套筒灌浆前有混凝土进入内部，影响灌浆和钢筋的连接效果。钢筋浆锚搭接是装配式混凝土结构钢筋竖向连接形式之一，即在 PC 结构构件中预埋波纹管，待混凝土达到要求强度后，钢筋穿入波纹管，再将浆锚连接专用高强度无收缩灌浆料灌入波纹管养护，以起到锚固钢筋的作用。

8.3.5 装配式混凝土结构建筑的质量管理

（一）装配式混凝土结构建筑的质量管理概述

装配式混凝土结构建筑凭借节能、节地、节水、节材和环境保护等优势，迅速得到建筑行业的青睐。一直以来，成本低、工期短、质量高和安全性好是建设工程项目管理追求的基本目标，但由于装配式混凝土建筑还处于发展初期，还存在很多问题，相比于成本和工期，质量和安全问题更应放在首位。本章重点介绍了质量管理的目标、各参与方的责任以及质量管理的标准等内容。

装配式混凝土结构建筑质量管理是以国家相关建筑规范为基础，规范建设单位、设计单位、施工图审查机构、施工单位、监理单位等单位的职责并明确他们的工作标准。

严格装配式混凝土结构建筑质量管理不仅能够有效保证装配式混凝土结构建筑的质量，还能够准确地划分参建单位的责任，精细地指导各个单位的工作要点，最终为装配式混凝土结构建筑在我国的健康稳定发展提供良好的保障。

装配式混凝土结构建筑的发展与传统建筑相比有着革命性的变化，高效、环保、绿色等优点是它替代传统建筑的优势。装配式混凝土结构建筑产品的质量最难把控却又最易出现问题，新的结构形式、新材料的应用等使装配式混凝土结构建筑质量深受社会各界高度重视，因而其质量管理也由早先粗放的管理模式转化为现代化系统的管理模式。

（二）参建单位的质量管理

1. 建设单位质量管理

（1）建设单位应根据装配式混凝土结构建筑工程的特点，总体协调全面工作，在工程建设的全过程中，建设单位应当承担装配式建筑设计、构件制作、施工各单位之间的综合管理协调责任，促进各单位之间的紧密协作。

（2）建设单位应当将施工图设计文件委托施工图审查机构进行审查。涉及重大变更及装配率、重要建筑材料等的变更，应当委托原施工图审查机构重新进行审查备案。

（3）建设单位应组织设计、监理、施工单位对预制混凝土构件生产企业生产能力及技术能力进行评估。

（4）建设单位可委托具备相应资质的监理单位对预制混凝土构件的生产环节进行驻厂监造，并支付相应费用。

（5）建设单位应当将装配式混凝土建筑工程的施工安装、机电安装等全部工程量纳入施工总承包单位管理，不得肢解发包工程，不得指定分包单位，不得违反合同约定提供建筑材料及构配件。

（6）建设单位应组织专家对采用的新技术、新材料、新工艺及按相关规定应论证的工程进行论证。

（7）建设单位应当牵头建立建设全过程信息化管理系统，宜运用建筑信息模型（BIM）、建筑物联网等技术从材料、设计、构件生产、施工等方面对装配式建筑实施质量控制。

2. 设计单位质量管理

（1）设计单位责任

① 设计单位应在施工图设计文件中明确装配式建筑的结构类型、预制装配率、PC 结构构件部位、PC 结构构件种类、PC 结构构件之间和 PC 结构构件与现浇结构之间的构造做法等，并编制装配式混凝土结构设计说明专篇，对可能存在的重大风险提出设计要求。

② 设计单位应为装配式混凝土建筑工程 PC 结构构件的生产、施工等环节提供技术支撑和技术指导。

③ 设计单位应当参加首段装配式混凝土结构样板质量验收及装配式混凝土结构分项工程质量验收。

④ 设计单位应当参与有关结构安全、主要使用功能质量问题的原因分析，并参与制订相应技术处理方案。

⑤ 设计单位应明确主要预制混凝土受力构件结构性能检验要求及接缝防水构造措施。

⑥ 设计单位宜在设计中进行信息化管理，包括建筑信息模型建立、管理及模型数据在工程项目中的应用。

（2）设计阶段影响质量的因素分析

① 设计深化经验不足

设计阶段分为设计和深化设计。

设计在传统模式下由设计单位出具设计蓝图，深化设计是指装配式建筑的构件拆分设计，缺乏对构件拆分设计的专业知识和国家标准的了解将影响设计成果的质量。

② 构件拆分时各个专业配合不够

设计院在进行构件拆分时，需要建筑、结构、电气和水暖等各个专业的工程师相互配合，减少由于专业限制所带来的理解偏差，不断进行设计优化。由于装配式建筑仍处于发展中，专业人才短缺，不能有效解决遇到的问题，导致在拆分构件时各个专业配合不够，进而会影响构件质量。

③ PC 结构构件的设计尚未达到标准化

由于装配式建筑行业技术及规范不完善，在拆分各个装配式建筑构件时其模数并没有统一标准，导致装配式建筑的构件多种多样。各个构件加工厂进行构件加工时，由于材料和施工工艺不同，质量也参差不齐。构件设计没有标准化，不但加工需要更多模具，而且无形中给装配式混凝土建筑以后的维护、维修制造了障碍，也影响建筑与设备、设计与部品的协同设计。

（三）施工图审查机构质量管理

（1）审查程序、内容等应当符合《房屋建筑和市政基础设施工程施工图设计文件审查管理办法》的规定。

（2）施工图审查机构应当对装配式混凝土建筑的结构构件拆分及节点连接设计、装饰装修及机电安装预留预埋设计等涉及结构安全和保温、防水等主要使用功能的关键环节进行重点审查。

(3) 对于施工图设计文件中采用的新技术、超限结构体系等涉及工程结构安全且无国家、行业和地方技术标准的，应当由当地建设行政主管部门组织超限专项审查，出具评审意见，作为施工图审查技术依据。

（四）施工单位质量管理

1. 施工单位责任

（1）施工单位应当根据装配式混凝土建筑工程的设计文件及相关技术标准编制专项施工方案，并报总监理工程师审批。

（2）施工单位应当就 PC 结构构件施工安装的施工工艺向施工操作人员进行技术交底。

（3）施工单位应当建立健全 PC 结构构件进场验收制度、PC 结构构件施工安装过程质量检验制度，并对构件安装作业进行全过程质量管控，形成可追溯的文档记录资料及影像记录资料，并按规定对施工安装的隐蔽工程和检验批进行验收。

（4）施工单位应当及时收集整理施工过程的质量控制资料，并对资料的真实性、准确性、完整性、有效性负责。

（5）施工单位应当建立、健全装配式施工人员技术培训及考核制度，吊装、拼装及灌浆等操作人员必须经考核合格后方可进行装配式施工。

（6）施工单位应进行施工过程信息化管理，包括构件标识识别、进场检验、吊装、拼装、试验检测、质量验收等方面，在施工前可进行模拟、碰撞等检查，对工程质量进行管控。

2. 施工单位影响工程质量的主要因素分析

根据装配式建筑施工的实际情况及存在的问题，可以将影响质量的因素分为四大类：构配件供应、施工准备、人员与机械操作以及管理协调。

（1）构配件供应

在装配式施工项目中，构配件的种类和数量众多，材料的科学管理直接影响施工质量。在装配式建筑施工的过程中，剪力墙、柱、楼板以及楼梯等构配件是作为主要的工程材料拼装到结构中的，这些结构构配件是由专门的工厂生产的。从我国现阶段的构配件生产情况来看，构配件厂规模有限，装配式构配件生产经验不足，生产出的构配件存在质量参差不齐的情况。此外，施工现场与生产构配件的工厂距离一般较远，需要由专业的运输车辆将构配件运至施工现场，并需要在运送途中对构配件做出相应的保护措施。构配件到达施工现场后，还要对构配件进行合理堆放和适当养护，以免构配件因自然因素或人为因素影响而受损，从而影响建筑质量。构配件等材料在出厂时由于各项技术检验不当，可能会导致不合格的构配件运输到施工现场，进场验收合格的构配件也会由于保养、使用不当而造成质量和经济损失，使得施工方承担后果。

（2）施工准备

施工准备工作对整个装配式建筑施工阶段的质量控制起着举足轻重的作用，对于识别和控制施工准备工作中影响质量的因素具有重要意义。施工方在本阶段要提高预见性，制订必要的质量规划。构配件堆放场地规划不合理以及构配件不科学堆放都会影响以后的施工质量，施工机械质量水平、施工人员的专业水平，以及现场基础设施的设置情况也会对施工质量产生影响。此外，具有完备的图样会审、质量规划方案和施工方案也是装配式施工可顺利完成的重要因素。

（3）人员与机械操作

人员与机械操作因素属于施工方可控制的因素，对其进行分析和控制不涉及项目其他参与方的工作。由于人员与机械操作因素控制不力而造成的质量损失由施工方独自承担，因此施工方要慎重对待。

装配式建筑与传统现浇建筑的一个重大区别在于施工方式发生了重大变革，由此也造成了施工现场的人员比例和相关的施工机械配置产生了重大变化。要充分发挥装配式建筑的施工效益，很重要的一点就是使技术娴熟的工人与性能良好的施工机械有机结合。在装配式施工过程中容易出现施工人员不按照规范和说明对主要机械设备进行操作。例如，运输设备、吊装设备以及灌浆专用设备等，这样不仅会降低施工质量，还可导致机械性能的下降。此外，关键部位的施工不善也会对施工质量造成直接影响。例如，梁、板、柱等构配件的结合不仅需要搭接，还需要进行现浇和灌浆工作，若放线测量等工作不善会导致这些构配件安装出现误差，使构配件吊装不到位而直接影响到结构整体受力性能的发挥。鉴于此，需要谨慎对待构配件的关键部位施工，任何方面的疏忽都有可能造成质量损失，需要引起施工方高度重视。

（4）管理协调

装配式建筑在施工技术上比传统的现浇式建筑有了突破性的进展。在技术水平有了较大发展的情况下，必然要求组织管理也产生相应的变革。

施工方需要同构配件厂就构配件的质量进行协调；同设计单位就技术交底、图样交底以及某些不可避免的设计变更进行积极协调；为了保证工程验收质量，工程收尾时要与业主方、监理方进行必要的验收工作，尤其是构配件搭接部位和灌浆部位的质量验收。与此同时，劳务分包方也应做好管理协调工作，使施工顺利完成。

为了积累施工工作经验，施工方应设立专员，对专员进行必要的技术交底，对装配式施工过程中的质量进行跟踪，并加以及时的反馈，施工方再根据专员的反馈进行相应的调节。

（五）监理单位责任质量监督

监理单位质量控制的目标是确保PC结构构件生产、安装质量达到设计和规范要求的标准。为此，监理的重点是对PC结构构件生产（模具精度、进场原材料、钢筋加工制作、混凝土拌制、混凝土浇筑、PC结构构件养护等）、运输、安装过程质量进行全过程、全方位的质量控制。监理的难点是钢筋PC结构构件精度和质量要求高，PC结构构件的吊装孔和安装螺钉预留孔的定位必须准确，若产生偏差，PC结构构件将无法拼装或出现错缝。驻地监理和承包商"三检制"的现场控制，确保了PC结构构件生产施工质量。在施工过程中，监理工程师根据国家现行的有关法律、法规、技术标准、设计文件、工程承包合同、监理服务合同、监理规划、监理细则、业主的管理规定等，对工程施工质量进行严格的监督管理。具体责任如下：

（1）监理单位应当针对装配式混凝土建筑工程的特点，编制监理规划和专项监理细则，针对装配式特点明确关键环节、关键部位，见证取样及旁站具体要求，经审批后实施。

（2）监理单位实行驻厂监造的，要加强部品、部件生产质量管控。

（3）监理单位应组织PC结构构件进场验收，全数检查PC结构构件的外观质量，预留、预埋件的规格及数量，预留孔洞的数量，并对电子标识进行识别检查，组织施工单位对PC结构构件按照一定比例进行实体检验。

(4) 监理单位应对施工安装过程进行监理,由总监组织装配式混凝土结构分项工程验收。

(5) 监理单位应核查施工管理人员及专业作业人员的培训情况和上岗情况,对 PC 结构构件吊装、拼装,PC 结构构件与现浇结构连接,连接部位灌浆等关键工序、关键部位实施旁站。

(6) 监理单位发现施工单位违反规范规定或未按设计要求施工的,应当及时签发监理文件要求整改,未整改或整改不合格的不予验收;拒不整改的,报监督机构;涉及结构安全的质量问题,监理单位应当及时向建设单位和建设行政主管部门报告。

(7) 监理单位应当通过信息化管理同步收集整理工程监理资料,并对资料的真实性、准确性、完整性、有效性负责。

(六) PC 结构构件生产企业质量控制

PC 结构构件生产看似简单,其实不然,它要求每个制作环节必须高标准、精雕细琢。若有工序出现问题或监管不到位,将影响该 PC 结构构件的质量。如果施工中使用了不合格的 PC 结构构件将会影响建筑使用年限,甚至带来安全隐患。生产合格的 PC 结构构件是构件生产企业的责任。

1. PC 结构构件生产企业责任

预制构件生产企业应当根据施工图设计文件、构件制作详图和相关技术标准编制构件生产制作方案,经企业技术负责人及施工单位项目技术负责人审核、监理单位项目总监审批后实施。

构件生产前,应当会同施工单位制订原材料和产品质量检测检验计划,并报项目总监理工程师批准。

(1) 构件生产企业应当建立健全原材料质量检测制度并满足以下生产条件:

① 企业内部实验室应实行主任负责制,所有配合比试验、质量检测报告必须由实验室主任签发。

② 检测程序、检测档案等管理应符合《建设工程质量检测管理办法》《房屋建筑和市政基础设施工程质量检测技术管理规范》GB 50618—2011 等规章及技术标准的规定。

③ 应严格按照有关规范、标准要求对原材料进行进场验收和取样检测,经检验、检测合格后方可使用,严禁使用未经检测或者检测不合格的原材料,检测原始记录应留存。

(2) 构件生产企业应当建立健全混凝土制备质量管理制度并满足以下生产条件:

① 制备混凝土所需原材料的存放条件:水泥和掺合料应使用筒仓存放,不同生产单位的原材料不得混仓,存储时应保持密封、干燥;骨料应按品种、规格分别堆放,不得混入杂物;骨料堆放场地的地面应做硬化处理,并应采取排水、防尘和防雨等措施;液体外加剂应放置于阴凉干燥处,应防止日晒、污染、浸水。

② 混凝土配合比设计应符合《普通混凝土配合比设计规程》JGJ 55—2011 的规定,特殊要求混凝土应单独配置。

③ 混凝土制备过程的质量控制应符合《混凝土质量控制标准》GB 50164—2011、《混凝土结构工程施工质量验收规范》GB 50204—2015、《混凝土强度检验评定标准》GB/T 50107—2010 等现行有关规范、标准的规定;制备过程中应当严格按照有关规范、标准要求进行计量,严禁随意调整配合比。

（3）构件生产企业应当建立健全 PC 结构构件制作质量检验制度并满足以下条件：

① 应当与施工单位委托有资质的第三方检测机构对钢筋连接套筒与工程实际采用的钢筋、灌浆料的匹配性进行工艺检验，未进行工艺检验或工艺检验不合格的，严禁生产。

② 构件生产前，应当就构件生产制作过程关键工序、关键部位的施工工艺向工人进行技术交底。

③ 构件生产过程中，应当对隐蔽工程和每一检验批进行验收并形成书面记录，隐蔽工程和检验批未经验收或者验收不合格的，不得进入下道工序施工。

④ 应当建立构件成品质量出厂检验和编码标识制度，在所生产的每一件构件显著位置进行唯一性标识，并提供构件出厂合格证和使用说明书。

⑤ PC 结构构件存放及运输过程中，构件生产企业应当采取可靠措施避免构件受损、破坏。

⑥ 构件生产企业应当及时收集整理构件生产制作过程的质量控制资料，并对资料的真实性、准确性、完整性、有效性负责，不得弄虚作假。

⑦ 构件生产企业应当编制专项运输方案，经监理、施工单位批准后实施，方案应包含安全防护、成品保护和堆放、吊装风险控制等内容。

2. PC 结构构件建造过程影响质量的因素

（1）PC 结构构件生产制造阶段

① 台座和模具表面不平整。构件的浇筑、成型都需要借助台座和模具，若台座和模具表面不平整，会影响构件成型后的垂直度，这是影响 PC 结构构件质量的因素之一。

② PC 结构构件表面出现裂缝。由于混凝土组成材料之一的水泥在水化时会引起 PC 结构构件背部温度剧烈变化，使 PC 结构构件早期塑性收缩和混凝土硬化过程中的收缩增大，使 PC 结构构件内部的温度收缩应力剧烈变化，从而导致 PC 结构构件出现裂缝，这也是影响 PC 结构构件质量的因素之一。

③ "三明治夹芯外墙板"连接件性能不符合要求。装配式建筑外墙板一般采用内叶、保温层、外叶三层构成（俗称"三明治夹芯外墙板"），因需要将三层连接起来，所以其连接件的性能十分重要。一般的金属连接件会造成热桥现象，而用玻璃纤维增强塑料材料制造的保温连接件虽然能杜绝热桥现象，但成本太高，PC 结构构件加工厂如何取舍是影响外墙板质量的关键因素。

④ 坐浆、注浆质量影响因素。坐浆前预制墙板底部杂物清理不到位或楼板洒水湿润不到位，会影响墙板和楼板粘结强度。注浆时如果环境温度过高，会加快构件结合面水分蒸发，进而影响结合面的质量。

（2）PC 结构构件施工安装阶段

① PC 结构构件吊装后产生细微裂缝。

② 按照规定，不同种类的 PC 结构构件，其混凝土强度达到相应的要求时才能进行起吊，起吊时若混凝土构件的强度不达标，就会产生细微裂缝。

③ PC 结构构件安装尺寸发生偏差。

④ 施工放线位置不准确、PC 结构构件尺寸误差、构件晃动、现场安装人员与吊装机械配合不协调等都会造成安装尺寸发生偏差，进而导致安装质量不合格。

（3）质量控制建议

目前，我国关于装配式混凝土建筑的技术规范还不完善，有装配式混凝土建筑设计能力的设计院很少，异形 PC 结构构件拆分技术还不成熟，有必要采取相关措施来解决这些问题。首先，设计院要加强 PC 结构构件的标准化设计，在进行构件拆分时一定要与构件加工厂进行沟通，避免构件加工厂为了加工方便将构件拆分导致连接部位受力降低，进而影响施工质量。其次，BIM（建筑信息模型）的兴起，可解决各个专业间沟通不及时的问题，促进各专业工程师通力合作，保证 PC 结构构件的质量达到相关标准，构件加工厂在生产过程中可考虑使用 BIM。再次，构件加工厂要保证台模和模具表面平整，在 PC 结构构件材料选择、配合比设计、制备运输以及养护过程中采取一系列温度及温度应力监测措施，并制订应急预案，以保证加工质量。最后，装配式建筑相关企业要保证 PC 结构构件在起吊时，混凝土达到起吊需要的强度，这也是保证构件质量的重要措施。

8.3.6 装配式混凝土结构建筑的安全管理

随着我国城市化进程的不断加快，在房地产行业不断发展的同时，人们对建筑施工提出了更高的要求。装配式混凝土结构建筑凭借着易控制、节能、施工周期短等特点，具备高度的竞争优势。随着我国对装配式结构研究的不断深入，装配式混凝土结构建筑体系进一步发展。但是和其他发达国家相比，我国的装配式混凝土结构建筑在施工过程中存在多种问题，包括管理不完善，施工现场控制力度不够，工序之间存在重复工作等，这严重影响了施工过程的进度和安全性，不利于我国装配式混凝土结构建筑的发展。因此，需要进行体系化的管理，确保建筑的安全和质量。

（一）装配式混凝土结构建筑施工安全管理依据和意义

装配式混凝土结构建筑施工安全管理，是指遵守国家、部门和地方的相关法律、法规和规章以及相关规范、规程中有关安全生产的具体要求，对施工安全生产进行科学的管理，预防生产安全事故的发生。它既可保障施工人员的安全和健康，又可提高施工管理水平，实现安全生产管理工作的标准化。

（二）施工安全责任制

建筑施工安全是建筑施工的基础，由于装配式混凝土结构建筑的施工方法不同于传统建筑的施工方法，所以装配式混凝土结构建筑施工的安全管理侧重点也略有不同。从以往的工程实践来看，安全问题主要存在于施工前期准备、施工装运、吊装就位、拼缝修补等阶段，同时周边环境对装配式混凝土结构建筑施工安全的影响亦大于常规建筑。

1. 制订施工现场安全管理规定

施工现场安全管理规定是施工现场安全管理制度的基础，目的是规范施工现场安全管理工作，使防护设施标准化、定型化。

施工现场安全管理的内容包括施工现场一般安全规定、构件堆放场地安全管理、脚手架工程安全管理、支撑架及防护架安全使用管理、电梯井操作平台安全管理、马道搭设安全管理、安全网支搭及拆除安全管理、孔洞临边防护安全管理、拆除工程安全管理、防护棚支搭安全管理等。

2. 制订各工种安全操作规程

工种安全操作规程可消除和控制劳动过程中的不安全行为，预防伤亡事故，确保作业人员的安全和健康，是企业安全管理的重要制度之一。

安全操作规程的内容应根据安全生产法律、法规、标准、规范，结合施工现场的实际情况来制订，同时根据现场使用的新工艺、新设备、新技术，制订出相应的安全操作规程，并监督其实施。

3. 制订机械设备安全管理制度

机械设备是指目前建筑施工普遍使用的垂直运输和加工机具。机械设备本身存在一定的危险性，如果管理不当可能造成机毁人亡。塔式起重机和汽车式起重机是混凝土装配式结构施工中机械设备安全使用管理的重点。

机械设备安全管理制度规定：大型设备应到上级有关部门备案，遵守国家和行业有关规定，还应设专人负责定期进行安全检查、保养，保证机械设备处于良好的状态。

4. 安全生产检查及隐患排除管理制度

以"安全第一、预防为主、综合治理"的方针进行安全生产检查，这是安全生产工作中的一个重要组成部分，不仅能促进国家的安全生产方针和政策贯彻执行，而且能够揭露生产过程中存在的不安全因素，进而明确重点落实整改，确保生产安全。

安全生产检查及管理制度包括安全检查实行定期检查、经常性检查、专业性检查、季节性和节假日检查、综合性检查等多种形式，这些形式的结合能很好地检查安全问题，但是检查是手段，排除才是目的。排除过程应该做到边查边改，件件要落实，桩桩有交代，整改责任到人，要做到"三定""四不准"。"三定"即定人员、定措施、定期限。"四不准"指凡是应由施工队解决的问题不推给班组，凡是应由部门解决的问题不推给施工队，凡是应由分部解决的问题不推给部门，凡是应由项目部解决的问题不能推给分部。

（三）施工人身安全管理制度

施工安全管理是建筑工程项目顺利进行的基础，是项目具备经济效益和社会效益的重要保证。其中，保障施工人员的人身安全是施工安全管理中的重要组成部分，要确保在施工过程中不会出现重大安全事故，如管线事故、伤亡事故等。通过建立相应的安全管理制度和严格执行的安全检查组，可以有效保证施工现场的安全。

1. 培养工人全面的安全意识

（1）安全生产教育

安全教育的内容主要包括法制法规教育、企业有关规章制度教育、安全生产管理知识、安全技术知识教育、劳动纪律教育、典型事故案例分析等。

（2）工人安全教育

工人安全教育实行三级安全教育制度。

① 凡新进企业的员工、合同工、临时工、培训和实习人员等在分配工作前，应由公司、劳资、安全等部门进行第一级安全教育。教育内容包括国家有关安全生产法令、法规、本企业安全生产有关制度、本行业安全基本知识、劳动纪律等。

② 上述人员到施工项目部门后，应由施工项目部进行第二级安全教育。教育内容包括本项目工程生产概况、安全生产情况、施工作业区状况、机电设施安全、安全规章制度、劳动纪律。

③ 上述人员上岗前应由工长、班组长进行岗位教育，即第三级安全教育。教育内容包括本工种班组安全生产概况、安全检查操作规程、操作环境安全与安全防护措施要求，

个人防护用品、防护用具的正确使用，事故前的判断与预防，事故发生后的紧急处理等。

④ 对经过三级安全教育的工人应登记建卡，由项目部安全检查负责人管理教育资料。

⑤ 没有经过三级安全教育的人员禁止上岗。

⑥ 对变换工种的员工，要先进行新任工种的安全教育，安全教育的时间、内容要有书面记录。

（3）特种作业人员的安全教育

由于特种作业人员接触的不安全因素多、危险性较大、安全技术知识要求严，对进行特种作业人员的培训教育，其办法执行企业相应的特种作业人员管理制度。

① 项目部每周一应对本项目员工进行安全检查教育，教育内容有：有关安全生产文件精神宣传教育，上周本项目工程安全检查生产小结，本周安全生产要求，表扬遵章守纪的员工，批评违章作业行为，通报事故的处理情况。

② 对重大施工项目及危险性大的作业，在员工作业前，必须按制订的安全措施和要求，对施工员工进行安全教育，否则不准作业。

③ 重大的节假日前，员工放假前后，应对员工进行针对性的安全教育。

④ 利用工地黑板报等，定期或不定期进行安全生产宣传教育，报道安全生产动态，宣传安全生产知识、规程等。

人员的安全教育是提高项目人员安全意识，保障安全，减少事故发生的关键措施。

2. 安全值班制度

（1）项目经理部安全值班制度

项目经理部成员都必须轮流坚持安全值班，每人一周时间。在值班期间，应尽职尽责做好安全管理工作，详细检查各个作业面的安全生产情况，发现事故隐患立即采取果断措施整改。对进入现场不戴安全帽，高处悬空作业不系安全带，穿拖鞋等情况，应按处罚规定给予处理。值班期间，应清查人数，凡工地有加班加点的人作业，值班人不得离开现场。参加值班期内发生的工伤事故调查、分析，做好值班记录，按时交接班。

（2）工地看场人员安全责任

工地看场人员除搞好安全保卫工作外，应对进现场的外来人员进行登记，若清查发现有新增人员，要及时向工地负责人汇报。在工地门口应设安全监督岗，对不戴安全帽、穿拖鞋、带小孩者，有权制止，不得让其进入施工现场。

各级值班人员，必须尽职尽责，做好安全值班工作，在值班期间，擅离岗位，不负责任，导致发生事故的，将追究值班人员的直接安全责任。

（3）安全十大禁令

① 严禁穿木屐、拖鞋、高跟鞋及不戴安全帽进入施工现场作业。

② 严禁一切人员在提升架、吊篮及提升架井口和吊物下操作、站立、行走。

③ 严禁非专业人员私自开动任何施工机械及驳接、拆除电线、电器。

④ 严禁在操作现场玩耍、吵闹和从高处抛掷材料、工具、砖石、砂泥及一切物体。

⑤ 严禁土方工程的不按规定放坡或不加支撑的深基坑开挖施工。

⑥ 严禁在无栏杆或其他安全措施的高处作业或在单行墙面上行走。

⑦ 严禁在未设安全措施的同一部位同时进行上下交叉作业。

⑧ 严禁带小孩进入施工现场作业。

⑨ 严禁在高压电源危险区域进行冒险作业,严禁用手直接拿灯头、电线移动操作照明。

⑩ 严禁在危险品、易燃品、木工棚现场及仓库吸烟、生火。

(四) 机械设备安全管理

装配式混凝土结构建筑施工过程中,机械使用的种类与传统施工相比有很大差异。装配式混凝土结构建筑施工过程中机械的使用主要用于构件及材料的装卸和安装。其主要设备包括自行式起重机和塔式起重机。垂直运输设施主要包括塔式起重机、物料提升机和施工升降机。其中施工升降机可承担物料的垂直运输和施工人员的垂直运输。自行式起重机和塔式起重机的选用应根据拟施工建筑物的平面形状、高度、构件数量、最大构件质量和长度等确定,确保安全使用机械。科学安排与合理使用起重机械及垂直运输设备可大大减少施工人员的体力劳动,确保施工质量与生产安全,加快施工进度,提高劳动生产率,对保障建筑施工安全生产具有重要意义。

1. 机械设备安全管理制度和操作规范

(1) 起重机械使用单位主要负责人的职责

起重机械使用单位是起重机械安全的责任主体。起重机械使用单位的法人代表(主要负责人)是起重机械安全的第一责任人,对本单位起重机械的安全全面负责。应制订明确的、公开的、文件化的安全目标,为实现安全目标提供必需的资源保障,并对目标实现情况进行考核。其内容应包括但不限于以下几点:

① 严格执行国家和地方有关起重机械安全管理的有关法规、规范及有关标准的要求。

② 设立负责起重机械安全的管理机构和人员,配备专职或兼职安全管理人员,全面负责起重机械的安全管理工作。

③ 负责起重机械安全生产资金的投入,纳入企业年度经费计划,并有效实施。

④ 接受并配合特种设备安全监督部门的安全监督检查,对发现的安全隐患及时采取措施予以消除。

(2) 起重机械安全管理人员的岗位职责

① 熟悉并执行与起重机械有关的国家政策、法规,结合本单位的实际情况,制订相应的管理制度。不断完善起重机械的管理工作,检查和纠正起重机械使用中的违章行为。

② 必须经专业培训,熟悉起重机的基本原理、性能、使用方法,由特种设备安全监察部门考核合格。

③ 监督起重作业人员认真执行起重机械安全管理制度和安全操作规程。

④ 参与编制起重机械定期检查和维护保养计划,并监督执行。

⑤ 协助有关部门按国家规定要求向特种设备检验机构申请定期监督检查。

⑥ 根据单位职工培训制度,组织起重机械作业人员参加有关部门举办的培训班和组织内部学习。

⑦ 组织、督促、联系有关部门人员进行起重机械事故隐患整改。

⑧ 参与组织起重机械一般事故的调查分析,及时向有关部门报告起重机械事故的情况。

⑨ 参与建立、管理起重机械技术档案和原始记录档案。

⑩ 组织紧急救援演习。

(3) 起重机械作业人员的岗位职责

① 熟悉并执行起重机械有关的国家政策、法规。

② 作业人员必须经过知识培训，由特种设备安全监察部门考核合格后方可上岗。做到持证操作，定期复审。

③ 有高度责任心和职业道德。

④ 做到懂性能、懂原理、懂构造、懂用途，会操作，不断提高专业知识水平和工作质量。

⑤ 协助起重机械日常检查，配合维护保养人员对起重机械进行检查和维护。

⑥ 严守岗位，不得擅自离岗。

⑦ 密切注意起重机的运行情况，若发现设备、机械有异常情况或故障，及时向有关部门人员报告，及时排除隐患后方可继续使用，严禁带病运行。

⑧ 做好当班起重机械运行情况记录和交接班记录。

⑨ 保持起重机械清洁卫生。

(4) 事故报告和应急救援管理制度

一旦起重机械设备发生事故，事故发生单位应当迅速采取有效措施组织抢救，防止事故扩大，减少人员伤亡和财产损失，并按照国家有关规定，及时、如实地向有关部门报告，不得隐瞒、谎报或不报。

(5) 起重机械安全技术档案管理制度

为了做好起重机械设备的安全管理工作，可以制订起重机械技术档案的接收、登记、管理、借阅等制度，具体可以包括如下内容：

① 起重机械随机出厂文件（包括设计文件、产品质量合格证明、监督检验证明、安装技术文件和资料、使用和维护保养说明书、装箱单、电气原理接线图、起重机械功能表、主要部件安装示意图、易损坏目录）。

② 安全保护装置的型式试验合格证明。

③ 特种设备检验机构起重机械验收报告、定期检验报告和定期自行检查记录。

④ 日常使用状况记录。

⑤ 日常维护保养记录。

⑥ 运行故障及事故记录。

⑦ 使用登记证明。

(6) 使用登记和定期报检制度

① 起重机械安全检验合格标志有效期满前一个月向特种设备安全检验机构申请定期检验。

② 起重机械停用一年后重新启用，或发生重大的设备事故和人员伤亡事故，或经受了可能影响其安全技术性能的自然灾害（火灾、水淹、地震、雷击、大风等）后也应该向特种设备安全监督检验机构申请检验。

③ 起重机械经较长时间停用，超过一年时间的，或起重机械安全管理人员认为有必要的可向特种设备安全监督检验机构申请安全检验。

④ 申请起重机械安全技术检验应以书面的形式，一份报送执行检验的部门，另一份由起重机械安全管理人员负责保管，作为起重机械管理档案保存。

⑤ 凡有下列情况之一的起重机械，必须经检验检测机构按照相应的安全技术规范的要求实施监督检验，合格后方可使用。

a. 首次启用或停用一年后重新启用的。

b. 经大修、改造后重新启用的。

c. 发生事故后可能影响设备安全技术性能的。

d. 发生自然灾害后可能影响设备安全技术性能的。

e. 转场安装和移位安装的。

f. 国家其他法律法规要求的。

（7）起重机日常检查管理制度

起重机安全的运行状态直接影响到施工人员的生命安全，因此起重机使用单位应对在用起重机设备定期进行检查。安全管理人员应经常性地组织人员对起重机械使用状况进行日检、月检和年检，并督促起重机械的日常维护保养工作。

常规检查应由起重机械操作人员或管理人员进行，月检和年检可以委托专业单位进行。检查中发现异常情况时，必须及时进行处理，严禁设备带故障运行。所有检查和处理情况应及时进行记录。

起重机月检的主要内容如下：

① "安全检验合格"标志的完好性。

② 起重机正常工作的技术性能。

③ 所有安全、防护装置。

④ 电气线路、液压回路的泄漏情况及工作性能。

⑤ 吊钩、吊钩螺母及防松装置。

⑥ 制动器性能及零件的磨损情况。

⑦ 钢丝绳磨损、变形、伸长情况。

⑧ 各传动机构零部件的运行、润滑和紧固。

⑨ 绑、吊挂链和钢丝绳。

每台起重机都有一定的负荷，在实际使用过程中，会有各种不规则操作威胁着施工人员的安全，起重机械作业人员应严格执行"十不吊"，具体如下：

① 超过额定负荷不吊。

② 指挥信号不明、重量不明、光线暗淡不吊。

③ 吊索和附件捆绑不牢、不符合安全要求不吊。

④ 吊挂重物直接加工时不吊。

⑤ 歪拉斜挂不吊。

⑥ 工件上站人或浮放活动物不吊。

⑦ 易燃易爆物品不吊。

⑧ 带有棱角缺口物件不吊。

⑨ 埋地物品不吊。

⑩ 违章指挥不吊。

（8）自行式起重机安全管理

自行式起重机是指自带动力并依靠自身的运行机构沿有轨或无轨通道运移的臂架型起

重机。分为汽车式起重机、轮胎式起重机、履带式起重机、铁路起重机和随车起重机等几种。本节以装配式混凝土结构施工过程常用的履带式、汽车式和轮胎式起重机为例简述相应的安全管理规定。

2. 履带式起重机安全管理规定

履带式起重机使用必须满足国家、当地规定允许使用的条件，且需具备产品质量合格证明、使用维护说明书和有效期内的监督检验证明等文件。

履带式起重机使用前应检查以下内容是否符合要求：

① 各安全防护装置及各指示仪表齐全完好。

② 钢丝绳及连接部位符合规定。

③ 燃油、润滑油、液压油、冷却水等添加充足。

④ 各连接件无松动。

⑤ 起重臂起落及回转半径内无障碍。

⑥ 起重机音响、电铃等信号喇叭清晰。起重臂、吊钩、平衡重等转动体上标识、标志鲜明。

⑦ 起重机的变幅指示器、力矩限制器、起重量限制器以及各种行程限位开关等安全保护装置，完好齐全、灵敏可靠。

⑧ 钢丝绳与卷筒连接牢固，放出钢丝绳时，卷筒上应至少保留三圈。

起重机应在平坦坚实的地面上作业、行走和停放。在正常作业时，坡度不得大于3°，并应与沟渠、基坑保持安全距离。起重机不得靠近架空输电线路作业，起重机的任何部位与架空输电导线的安全距离应符合规定。

起重机的吊钩和吊环严禁补焊。当出现下列情况之一时应更换：表面有裂纹、破口、危险断面及钩颈有永久变形，挂绳处断面磨损超过截面高度10%，吊钩衬套磨损超过原厚度50%，心轴（销子）磨损超过其直径的3%~5%。

起重机启动前应将主离合器分离，各操纵杆放在空挡位置，并应按规定启动内燃机。内燃机启动后，应检查各仪表指示值，待运转正常再接合主离合器，进行空载运转，顺序检查各工作机构及其制动器，确认正常后，进行空载运转，试验各工作机构正常后方可作业。

起重吊装指挥人员作业时应与操作人员密切配合，执行规定的指挥信号。操作人员应按照指挥人员的信号进行作业，当信号不清或错误时，操作人员可拒绝执行。

起重机作业时，起重臂和重物下方严禁有人停留、工作或通过。重物吊运时，严禁从人上方通过。严禁用起重机载运人员。严禁使用起重机进行斜拉、斜吊和起吊地下埋设或凝固在地面上的重物以及其他不明重量的物体。起吊重物应绑扎平稳、牢固，不得在重物上再堆放或悬挂零星物件。易散落物件应使用吊笼栅栏固定后方可起吊。标有绑扎位置的物件，应按标记绑扎后起吊。吊索与物件的夹角宜采用45°~60°，且不得小于30°，吊索与物件棱角之间应加垫块。

起吊荷载达到起重机额定起重量的90%及以上时，应先将重物吊离地面200~500mm后，检查起重机的稳定性、制动器的可靠性、重物的平稳性、绑扎的牢固性，确认无误后方可继续起吊，升降动作应慢速进行，并严禁同时进行两种及以上动作。对易晃动的重物应拴好拉绳。重物起升和下降速度应平稳、均匀，不得突然制动。左右回转应平稳，当回转未停稳时，不得作反向动作。非重力下降式起重机，不得带载自由下降。严禁起吊重物长时间悬挂在空中。作业中遇突发故障，应采取措施将重物降落到安全地方，并关闭发动机后进行检修。

当起重机制动器的制动鼓表面磨损达1.5~2.0mm（小直径取小值，大直径取大值）时，应更换制动鼓，当起重机制动器的制动带磨损超过原厚度50%时，应更换制动带。

作业时，起重臂的最大仰角不得超过出厂规定。当无资料可查时，不得超过78°。起重机变幅应缓慢平稳，严禁在起重臂未停稳前变换挡位，起重机荷载达到额定起重量的90%及以上时，严禁下降起重臂。

起吊重物时应先稍离地面试吊，当确认重物已挂牢，起重机的稳定性和制动器的可靠性均良好，再继续起吊。在重物升起过程中，操作人员应把脚放在制动踏板上，密切注意起升重物，防止吊钩冒顶。当起重机停止运转而重物仍悬在空中时，即使制动踏板被固定，仍应脚踩在制动踏板上。

用双机抬吊作业时，应选用起重性能相似的起重机进行。抬吊时应统一指挥，动作应配合协调，荷载应分配合理，单机的起吊荷载不得超过允许荷载的80%。在吊装过程中，两台起重机的吊钩滑轮组应保持垂直状态。

当起重机需带载行走时，荷载不得超过允许起重量的70%，行走道路应坚实平整，重物应在起重机正前方向，重物离地面不得大于500mm，并应拴好拉绳，缓慢行驶。严禁长距离带载行驶。起重机行走时，转弯不应过急，当转弯半径过小时，应分次转弯；当路面凹凸不平时，不得转弯。起重机上下坡道时应无载行走，上坡时应将起重臂仰角适当放小，下坡时应将起重臂仰角适当放大。严禁下坡空挡滑行。

起重机在无线电台、电视台或其他强电波发射天线附近施工时，与吊钩接触的作业人员应戴绝缘手套和穿绝缘鞋，并应在吊钩上挂接临时放电装置。

当同一施工地点有两台以上起重机时，应保持两机间任何接近部位（包括吊重物）距离不得小于2m。

提升重物水平移动时，应高出其跨越的障碍物0.5m以上。

作业后起重臂应转至顺风方向，并降至40°~60°，吊钩应提升到接近顶端的位置，应关停内燃机，将各操纵杆放在空挡位置，各制动器加保险固定，操纵室和机棚应关门加锁。

汽车式和轮胎式起重机安全管理规定

起重机行驶和工作的场地应保持平坦坚实，并应与沟渠、基坑保持安全距离。起重机启动前重点检查项目应符合下列要求：

① 各安全保护装置和指示仪表齐全完好。
② 钢丝绳及连接部位符合规定。
③ 燃油、润滑油、液压油及冷却水添加充足。
④ 各连接件无松动。
⑤ 轮胎气压符合规定。

起重机启动前，应将各操作杆放在空挡位置，手制动器应锁死，并按照相关规定启动内燃机；启动后，应怠速运转，检查各仪表指示值；运转正常后，接合液压泵，待压力达到规定值，油温超过30℃时，方可开始作业。

作业前，应将支腿全部伸出，并在撑脚板下垫方木，调整机体使回转支承面的倾斜度在无载荷时不大于1/1 000（水准泡居中）。支腿有定位销的必须插上。底盘为弹性悬挂的起重机，放支腿前应先收紧稳定器。

作业中严禁扳动支腿操纵阀，调整支腿必须在无载荷时进行，并将起重臂转至正前或正后方处可进行调整。

应根据所吊重物的重量和提升高度调整起重臂长度和仰角，并应估计吊索和重物本身的高度，留出适当的空间。

起重臂伸缩时，应按规定程序进行，在伸臂的同时应相应下降吊钩。当限制器发出警报时，应立即向上伸臂。起重臂缩回时，仰角不宜太小。

起重臂伸出后，前节臂杆的长度大于后节伸出长度时，必须进行调整，消除不正常情况后，方可作业。

起重臂或主副臂全部伸出后，变幅时不得小于各长度所规定的仰角。汽车式起重机起吊作业时，汽车驾驶室内不得有人，重物不得超越驾驶室上方，且不得在车的前方吊起。

采用自由（重力）下降时，荷载不得超过该工况下额定起重量的20%，并应使重物有控制地下降，下降停止前逐渐减速，不得使用紧急制动。

起吊重物达到额定起重量的50%及以上时，应使用低速挡。

作业中发现起重机倾斜、支腿不稳等异常现象时，应立即使重物下降落在安全的地方，下降中严禁制动。

重物在空中需要较长时间停留时，应将起升卷筒制动锁住，操作人员不得离开操纵室。起吊重物达到额定重量的90%以上时，严禁同时进行两种及以上的操作动作。

起重机带载回转时，操作应平稳，避免急剧回转或停止，换向应在停稳后进行。当轮胎式起重机带载行走时，道路必须平坦坚实，荷载必须符合出厂规定，重物离地面不得超过500mm，并应拴好拉绳，缓慢行驶。

起重机作业时，起重臂和重物下方严禁有人停留、工作或通过。重物吊运时，严禁从人上方通过。严禁用起重机载运人员。

严禁使用起重机进行斜拉、斜吊和起吊地下埋设或凝固在地面上的重物以及其他不明重量的物体。现场浇筑的混凝土构件或模板，必须全部松动后方可起吊。

严禁起吊重物长时间悬挂在空中。作业中遇突发故障，应采取措施将重物降落到安全地方，并关闭发动机或切断电源后进行检修。在突然停电时，应立即把所有控制器拨到零位，断开电源总开关，并采取措施使重物降到地面。

作业后，应将起重臂全部缩回放在支架上，再收回支腿。吊钩应用专用钢丝绳挂牢；应将车架尾部两撑杆分别撑在尾部下方的支座内，并用螺母固定；应将阻止机身旋转的销式制动器插入销孔，并将取力器操纵手柄放在脱开位置，最后应锁住起重操纵室门。

行驶前，应检查并确认各支腿的收缩无松动，轮胎气压应符合规定。行驶时轮胎式起重机水温应在80～90℃，水温未达到80℃时，不得高速行驶。

行驶时应保持中速，不得紧急制动，过铁道口或起伏路面时应减速，下坡时严禁空挡滑行，倒车时应有人监护。

行驶时，严禁人员在底盘走台上站立或蹲坐，并不得堆放物件。

在露天有六级及以上大风或大雨、大雪、大雾等恶劣天气时，应停止起重吊装作业。

雨雪过后作业前，应先试吊，确认制动器灵敏可靠后方可进行作业。

（3）塔式起重机安全管理

塔式起重机由金属结构、工作机构和电气系统三部分组成。金属结构包括塔身、动臂和底座等。工作机构有起升、变幅、回转和行走四部分。电气系统包括电动机、控制器、配电柜、连接线路、信号及照明装置等。塔机分为上回转塔机和下回转塔机两大类。其中前者的承载力要高于后者，在许多的施工现场我们所见到的就是上回转式上顶升加节接高的塔式起重机。在装配式混凝土结构建筑施工中一般采用的是固定式的。按其变幅方式可分为水平臂架小车变幅和动臂变幅两种；按其安装形式可分为自升式、整体快速拆装式和拼装式三种。应用最广的是能够一机四用（轨道式、固定式、附着式和内爬式）的自升塔式起重机。塔式起重机如图 8.3.1 所示。

图 8.3.1　塔式起重机

1. 塔式起重机使用基本规定

塔式起重机的安装、拆卸和使用管理，必须严格执行《建筑起重机械安全监督管理规定》。塔式起重机应当具有特种设备制造许可证、产品合格证、制造监督检验证明。

塔式起重机产权单位，应在产权注册当地建设行政主管部门办理起重机械初始登记备案。

安装单位必须具有建设行政主管部门颁发的起重机械安装工程专业承包资质和安全生产许可证，并在其资质许可范围内承揽建筑起重机械安装和拆卸工作。安装单位应当按照安全技术标准及建筑机械性能要求编制装拆方案，经本单位负责人审定，报施工总承包单位、设备产权单位、监理单位审查后组织实施。

安装或拆卸作业，应划分警戒区域，安装单位专业技术人员、专职安全员，使用单位专职安全员，监理单位安全监理，应当进行现场监督。塔式起重机械安装完毕，应当经有相应资质的检验检测机构检测。塔式起重机械检验检测合格,由施工承包单位组织租赁、安装、监理等有关单位进行验收,不得以检测结论代替验收,验收合格后方可使用。对使用中的塔式起重机应进行定期检查和日常维护保养。使用单位应对安全限位保险装置和钢丝绳、吊索等易损部件每天进行检查,确保灵敏可靠。多台塔式起重机作业时必须满足安全距离要求,并采取有效的防碰撞措施。施工总承包单位应当自起重机械验收合格之日起30日内到施工当地建设行政部门办理起重机械使用登记,将使用登记牌置于该设备的显著位置。禁止擅自在塔式起重机上安装非原制造厂制造的标准节和附着装置。安装拆卸工、起重信号工、起重司机、司索工等特种作业人员应持证上岗。塔式起重机安全资料管理应按照施工现场安全资料管理标准组卷。

2. 资料管理

施工企业或塔式起重机机主应将塔式起重机的生产许可证、产品合格证、拆装许可证、使用说明书、电气原理图、液压系统图、司机操作证、塔式起重机基础图、地质勘查资料、塔式起重机拆装方案、安全技术交底、主要零部件质保书(钢丝绳、高强连接螺栓、地脚螺栓及主要电气元件等)报给塔式起重机检测中心,经塔式起重机检测中心检测合格后,获得安全使用证。安装好以后同项目经理部的交接要有交接记录,同时在日常使用中要加强对塔式起重机的动态跟踪管理,做好台班记录、检查记录和维修保养记录(包括小修、中修、大修)并有相关责任人签字,在维修的过程中所更换的材料及易损件要有合格证或质量保证书,并将上述材料及时整理归档,建立一机一档一台账。

3. 拆装管理

塔式起重机的拆装是事故多发的阶段。因拆装不当和安全质量不合格而引起的安全事故占有很大的比重。塔式起重机拆装必须要具有资质的拆装单位进行作业,而且要在资质范围内从事安装拆卸。拆装人员要经过专门的业务培训,有一定的拆装经验并持证上岗,同时要各种人员齐全,岗位明确,各司其职,听从统一指挥。在调试的过程中,专业电工的技术水平和责任心很重要,电工要持电工证和起重证上岗。拆装要编制专项的拆装方案,方案要有安装单位技术负责人审核签字,应向拆装单位参与拆装的人员进行安全技术交底,并设立警戒区和警戒线,安排专人指挥,无关人员禁止入场。严格按照拆装程序和说明书的要求进行作业,当遇风力超过四级时,要停止拆装,风力超过六级时,塔式起重机要停止起重作业。特殊情况下,确实需要在夜间作业的,要有足够的照明。因特殊情况需要在夜间作业的,要与汽车式起重机司机就有关拆装的程序和注意事项进行充分地协商并达成共识。

4. 塔式起重机基础

塔式起重机基础是塔式起重机的根本,实践证明,有不少重大安全事故都是由于塔式起重机基础存在问题而引起的,它是影响塔式起重机整体稳定性的一个重要因素。因此,在建设塔式起重机基础时要遵守以下标准:

① 塔式起重机基础应能承受工作状态和非工作状态下的最大荷载,并能满足塔式起重机抗倾覆稳定性的要求。

② 使用单位应根据塔式起重机制造商提供的荷载参数设计施工混凝土基础。

③ 若采用塔式起重机制造商推荐的混凝土基础,固定支腿、预埋节和地脚螺栓时应按照原制造商规定的方法使用。

④ 基础属于隐蔽工程，应按隐蔽工程管理规定验收签字。

⑤ 采用地下节形式的基础：严禁采用标准节代替地下节，地下节严禁擅自制造。

⑥ 采用十字梁形式的基础：水平面的斜度不得大于 1/1 000。螺母拧紧后，螺杆螺纹要露出螺母 3 牙以上。预埋螺栓外露长度不够时，采用搭接方式，其焊缝长度需经过计算，严禁对接。不得任意改变预埋螺栓的位置尺寸，应严格按说明书要求实施。十字梁安装时必须注意，与承重钢板间不应有间隙。

⑦ 桩基础：当地基达不到使用说明书规定的承载力时，应采用桩基础达到其要求，应有设计计算书、设计图。

5. 安全距离

塔式起重机在平面布置的时候要绘制平面图，尤其是房地产开发小区的住宅楼存在多台塔式起重机时，更要考虑相邻塔式起重机的安全距离，在水平和垂直两个方向上都要保证不少于 2m 的安全距离。相邻塔式起重机的塔身和起重臂不能发生干涉，尽量保证塔式起重机在风力较大时能自由旋转。塔式起重机后臂与相邻建筑物之间的安全距离不少于 50cm。塔式起重机与输电线之间的安全距离应符合要求。

塔式起重机与输电线的安全距离不达规定要求的，要搭设防护架，防护架原则上要停电搭设，不得使用金属材料，可使用竹竿等材料。竹竿与输电线的距离不得小于 1m，还要有一定的稳定性，防止大风吹倒。

6. 安全装置

为了保证塔式起重机的正常与安全使用，强制性要求塔式起重机在安装时必须具备规定的安全保险装置，主要有起重力矩限制器、起重量限制器、高度限位器、幅度限位器、回转限位器、吊钩保险装置、卷筒保险装置、风向风速仪、钢丝绳脱槽保险、小车防断绳装置和缓冲器等。这些安全装置要确保它的完好与灵敏可靠，在使用中如发现损坏应及时维修更换，不得私自接触或任意调节。按照《建筑施工安全检查标准》JGJ 59—2011 要求，塔式起重机的专用开关箱也要满足"一机一闸一箱"的要求，漏电保护器的脱扣额定动作电流应不大于 30mA，额定功率动作的时间不超过 0.1s。司机室里的配电盘不得裸露在外。电气柜应完好、关闭严密、门锁齐全，柜内电器元件应完好，线路清晰，操作控制机构灵敏可靠，各限位开关性能良好，定期安排专业电工进行检查维修。

7. 稳定性

塔式起重机高度与底部支承尺寸比值较大，且塔身的重心高、扭矩大、起动制动频繁、冲击力大，为了增加它的稳定性，要分析塔式起重机倾翻的主要原因，具体有以下几条：

（1）超载不同型号的起重机通常采用起重力矩为主控制，当工作幅度加大或重物超过相应的额定荷载时，重物的倾覆力矩超过它的稳定力矩，就有可能造成塔式起重机倒塌。

（2）塔式起重机斜吊重物时会加大它的倾覆力矩，在起吊点处会产生水平分力和垂直分力，在塔式起重机底部支承点会产生一个附加的倾覆力矩，从而减少稳定系数，造成塔式起重机倒塌。

（3）塔式起重机基础不平，地耐力不够，垂直度误差过大，也会造成塔式起重机的倾覆力矩增大，使塔式起重机稳定性减少，因此，要从这些关键性的因素出发来严格检查检测把关，对重大的设备及人身安全事故进行预防。

（4）附墙装置架设不符合要求。当塔式起重机超过它的独立高度的时候要架设附墙装置，以增加塔式起重机的稳定性。

附墙装置要按照塔式起重机说明书的要求架设，附墙间距和附墙点以上的自由高度不能任意超长，超长的附墙支撑应另外设计并有计算书，进行强度和稳定性的验算。附着框架保持水平、固定牢靠与附着杆在同一水平面上，与建筑物之间连接牢固，附着点以下塔身轴心线的垂直度允许偏差不大于2/1 000，与建筑物的连接点应选在混凝土柱上或混凝土圈梁上。用预埋件或过墙螺栓与建筑物结构有效连接。有些施工企业用膨胀螺栓代替预埋件，还有用缆风绳代替附着支撑，这些都是十分危险的。

8. 安全操作

塔式起重机管理的关键还是对司机的管理。操作人员必须身体健康，了解机械构造和工作原理，熟悉机械原理、保养规划、持证上岗。司机必须按规定对起重机做好保养，有高度的责任心，认真做好清洁、润滑、紧固、调整、防腐等工作，不得酒后作业，不得带病或疲劳作业，严格按照塔式起重机械操作规程和塔式起重机"十不准、十不吊"进行操作，不得违章作业、野蛮操作，有权拒绝违章指挥，夜间作业要有足够的照明。塔式起重机平时的安全使用关键在操作工的技术水平和责任心，检查维修关键在机械和电气维修工。

9. 安全检查

塔式起重机在安装前后和日常使用中都要进行检查。金属结构焊缝不得开裂，金属结构不得有塑性变形；连接螺栓、销轴质量符合要求，对止退、防松的措施，连接螺栓要定期安排人员预紧；钢丝绳润滑保养良好，断丝数不得超标，绝对不允许断股，不得塑性变形，绳卡接头符合标准；减速箱和油缸不得漏油，液压系统压力正常，刹车制动和限位保险灵敏可靠，传动机构润滑良好，安全装置齐全可靠；电气控制线路绝缘良好。尤其要督促塔式起重机司机、维修工和机械维修工经常检查，要着重检查钢丝绳、吊钩、各传动件、限位保险装置等易损件，发现问题立即处理，做到定人、定时间、定措施，杜绝机械带病作业。

10. 事故应急措施

① 塔式起重机基础下沉、倾斜：应立即停止作业，并将回转机构锁住，限制其转动；根据情况设置地锚，控制塔式起重机的倾斜。

② 塔式起重机平衡臂、起重臂折臂：塔式起重机不能做任何动作；按照抢险方案，根据情况采用焊接等手段，将塔式起重机结构加固，或用连接方法将塔式起重机结构与其他物体连接，防止塔式起重机倾翻和在拆除过程中发生意外；用2～3台适量吨位起重机，一台锁起重臂，一台锁平衡臂。其中一台在拆臂时起平衡力矩作用，防止因力的突然变化而造成倾翻；按抢险方案规定的顺序，将起重臂或平衡臂连接件中变形的连接件取下，用气焊割开，用起重机将臂杆取下；按正常的拆塔程序将塔式起重机拆除，遇变形结构用气焊割开。

③ 塔式起重机倾翻：采取焊接、连接方法，在不破坏失稳受力的情况下增加平衡力矩，控制险情发展；选用适量吨位的起重机按照抢险方案将塔式起重机拆除，变形部件用气焊割开或调整。

④ 锚固系统险情：将塔式平衡臂对应到建筑物，转臂过程要平稳并锁住；将塔式起

重机锚固系统加固；如需更换锚固系统部件，先将塔式起重机降至规定高度后，再行更换部件。

⑤ 塔身结构变形、断裂、开焊：将塔式平衡臂对应到变形部位，转臂过程要平稳并锁住；根据情况采用焊接等手段，将塔式起重机结构变形或断裂、开焊部位加固；落塔更换损坏结构。

（五）构件运输安全管理

构件运输前，构件厂应与施工单位负责人沟通，制订构件运输方案，包括：配送构件的结构特点及重量、构件装卸索引图、选定装卸机械及运输车辆、确定搁置方法。构件运输方案得到双方签字确认后才能运输。

提前对装卸场地进行硬地化处理，使其能承受构件堆放荷载和机械行驶、停放要求；装卸场地应满足机械停置、操作时的作业面及回车道路要求，且空中和地面不得有障碍物。

场（厂）内运输道路应有足够宽的路面和坚实的路基；弯道的最小半径应满足运输车辆的拐弯半径要求。

超宽、超高、超长的构件，需公路运输时，应事先到有关单位办理准运手续，并应错过车辆流动高峰期。

1. 构件装车安全管理

（1）装车前准备，应根据构件的重量、尺寸、形状等选择合适的运输工具和支架。凡需现场拼装的构件应尽量将构件成套装车或按安装顺序装车，运至安装现场，提高工作效率，防止因准备不足给装卸、运输过程和装车过程带来不必要的意外。

（2）装车时，构件起吊时应拆除与相邻构件的连接，并将相邻构件支撑牢固。

（3）对大型构件，如外墙板，宜采用龙门式起重机或行车吊运。对于带阳台或飘窗造型的构件，宜采用"C"形卡平衡吊梁。对小型PC结构构件，宜采用叉车、汽车式起重机转运。

（4）当构件采用龙门式起重机装车时，起吊前应检查吊钩是否挂好，构件中螺钉是否拆除等，避免影响构件起吊安全。

（5）构件从成品堆放区吊出前，应根据设计要求或强度验算结果，在运输车辆上支设好运输架。

（6）外墙板宜采用竖直立放方式运输，应使用专用支架运输，支架应与车身连接牢固，墙板饰面层应朝外，构件与支架应连接牢固。构件直立运输支架如图8.3.2所示。

（7）楼梯、阳台、预制楼板、短柱、预制梁等小型构件宜采用平运方式，装车时支点搁置要正确，位置和数量应按设计要求进行。载重汽车运框架柱如图8.3.3所示。

（8）根据构件形状及构件重心位置分布，合理设定PC结构构件吊点位置。预埋吊具宜选用预埋吊钩（环）或可拆卸的埋置式接驳器。

（9）构件装车时的吊点和起吊方法，不论上车运输或卸车堆放，都应按设计要求和施工方案确定。吊点的位置还应符合下列规定：

① 两点起吊的构件，吊点位置应高于构件的重心或起吊千斤顶与构件的重心。

② 细长的和薄型的构件起吊，可采用多吊点或特制起吊工具，吊点和起吊方法按设计要求进行，必要时由施工技术人员计算确定。

图 8.3.2　构件直立运输支架

图 8.3.3　载重汽车运框架柱

③ 变截面的构件起吊时，应做到平起平放，否则截面面积小的一端应先起升。

（10）运输构件的搁置点：一般等截面构件在长度 1/5 处，板的搁置点在距端部 200～300mm 处。其他构件视受力情况确定，搁置点宜靠近节点处。

（11）构件起吊时应保持水平，慢速起吊并注意观察。下落时平缓，落架时应防止摇摆碰撞，损伤货品棱角或表面瓷砖。

（12）构件装车时应轻起轻落、左右对称放置车上，保持车上荷载分布均匀；卸车时按"后装的先卸"的顺序进行，使车身和构件稳定。构件装车编排应尽量将重量大的构件放在运输车辆前端中央部位，重量小的构件则放在运输车辆的两侧，并降低构件重心，使运输车辆平稳，行驶安全。

（13）采用平运叠放方式运输时，叠放在车上的构件之间，应采用垫木，并在同一条垂直线上，且厚度相等。有吊环的构件叠放时，垫木的厚度应高于吊环的高度，且支点垫木上下对齐，并应与车身绑扎牢固。

（14）构件与车身、构件与构件之间应设有板条、草袋等隔离体，避免运输时构件滑动、碰撞。

（15）PC结构构件固定在装车架后，应用专用帆布带、夹具或斜撑夹紧固定，帆布带压在货品的棱角前应用角铁隔离，构件边角位置或角铁与构件之间接触部位应用橡胶材料或其他柔性材料衬垫等缓冲。

（16）对于不容易调头和又重又长的构件，应根据其安装方向确定装车方向，以利于卸车就位。

（17）临时加长车身，在车身上排列数根（数量由计算确定）超过车身长度的型钢（如工字钢、槽钢等）或大木方（截面200mm×300mm），使之与车身连接牢固；装车时将构件支点置于其上，使支点超出车身，超出的长度由计算确定。

（18）构件抗弯能力较差时，应设抗弯拉索，拉索和捆扎点应计算确定。

2. 运输过程安全控制

运输过程是运输阶段的重要一环，运输前，提前对一些交通影响因素进行考虑，提前做好准备。

（1）运输前的准备

应组织有关人员（含司机）参加运输道路情况查勘，勘察内容包括：沿途上空有无障碍物，公路桥的允许负荷量，通过的涵洞净空尺寸等。如沿途横穿铁道，应查清火车通过道口的时间，并对司机进行交底。运输超高、超宽、超长的构件时，应在指定路线上行驶。

牵引车上应悬挂安全标志，超高的部件应有专人照看，并配备适当器具，保证在有障碍物情况下安全通过。

运输车辆应车况良好，刹车装置性能可靠；使用拖挂车或两平板车连接运输超长构件时，前车上应设转向装置，后车上设纵向活动装置，且有同步刹车装置。

PC结构构件装车完成后，应再次检查装车后构件质量，对于在装车过程中造成构件碰损的部位，立即安排专业人员修补处理，保证装车的PC结构构件合格。

（2）运输基本要求

场内运输道路必须平整坚实，经常维修，并有足够的路面宽度和转弯半径。载重汽车的单行道宽度不得小于3.5m，拖车的单行道宽度不得小于4m，双行道宽度不得小于6m；采用单行道时，要有适当的会车点。载重汽车的转弯半径不得小于10m，半拖式拖车的转弯半径不宜小于15m，全拖式拖车的转弯半径不宜小于20m。构件在运输时应固定牢靠，以防在运输中途倾倒，或在道路转弯时车速过高被甩出。根据路面情况掌握行车速度。道路拐弯必须降低车速。

采用公路运输时，若通过桥涵或隧道，则装载高度对二级以上公路不应超过5m；对

三、四级公路不应超过 4.5m。

装有构件的车辆在行驶时，应根据构件的类别、行车路况控制车辆的行车速度，保持车身平稳，注意行车动向，严禁急刹车，避免事故发生。

（3）构件卸车及堆放

① 卸货堆放前准备构件运进施工现场前，应对堆放场地占地面积进行计算，根据施工组织设计编制现场堆放场内构件堆放的平面布置图。混凝土构件卸货堆放区应按构件型号、类别进行合理分区，集中堆放，吊装时可进行二次搬运。堆放场地应平整坚实，基础四周松散土应分层夯实，堆放应满足地基承载力。混凝土构件存放区域应在起重机械工作范围内。

② 构件场内卸货堆放基本要求堆放构件的地面必须平整坚实，进出道路应畅通，排水良好，以防构件因地面不均匀下沉而倾倒。

构件应按型号、吊装顺序依次堆放，先吊装的构件应堆放在外侧或上层，并将有编号或有标志的一面朝向通道一侧。堆放位置应尽可能在安装起重机械回转半径范围内，并考虑吊装方向，避免吊装时转向和再次搬运。

确定构件的堆放高度时，应考虑堆放处地面的承压力和构件的总重量以及构件的刚度及稳定性的要求。柱子不得超过两层，梁不得超过三层，楼板不得超过六层，圆孔板不宜超过八层，堆垛间应留 2m 宽的通道。堆放预应力构件时，应根据构件起拱值的大小和堆放时间采取相应措施。

构件堆放要保持平稳，底部应放置垫木。成堆堆放的构件应以垫木隔开，垫木厚度应高于吊环高度，构件之间的垫木要在同一条垂直线上，且厚度要相等。堆放构件的垫木应能承受上部构件的重量。

构件堆放应有一定的挂钩绑扎间距，堆放时相邻构件之间的间距不小于 200mm。对侧向刚度差、重心较高、支承面较窄的构件，应立放就位，除两端垫垫木外，还应搭设支架或用支撑将其临时固定，支撑件本身应坚固，支撑后不得左右摆动和松动。

数量较多的小型构件堆放应符合下列要求：

① 堆放场地须平整，进出道路应畅通，且有排水沟槽。

② 不同规格、不同类别的构件分别堆放，以易找、易取、易运为宜。

③ 若采用人工搬运，堆放时应留有搬运通道。

④ 对于特殊和不规则形状构件的堆放，应制订堆放方案并严格执行。

⑤ 采用靠放架立放的构件，必须对称靠放和吊运，其倾斜角度应保持大于 80°，构件上部宜用木块隔开。靠放架宜用金属材料制作，使用前要认真检查验收，靠放架的高度应为构件的 $\frac{2}{3}$ 以上。

（六）施工过程安全管理

装配式混凝土结构建筑建造过程中最难控制的安全管理阶段也就是现场施工阶段，施工现场有很多隐藏的安全风险，需要施工单位提前做好应对措施。

（1）存在安全风险的阶段

1. 施工现场前期准备阶段存在的安全风险

施工方案不到位。如预制件至堆放点的运输道路布置不合理导致道路的堵塞、破坏及车辆碰撞等；再如道路及堆场设在地库顶板上时，若前期未进行计算及采取相应的加固措施，则有可能导致地库顶板开裂甚至坍塌等。

安全技术交底不到位。因装配式建筑比常规施工有更多的吊装工作，如果未进行相应的技术考核及安全技术交底，则容易造成施工人员未持证就上岗、吊装技术不熟练及施工人员站位不准确、缺少扶位而导致伤残等问题。

2. 施工装运阶段存在的安全风险

① 吊装机械选型及吊装方案不到位，导致吊装设备的碰撞及超负荷吊装、斜吊PC结构构件等安全问题。

② PC结构构件进场检测不到位，可能出现吊装时埋件拉出、吊点周边混凝土开裂、吊具损坏、预制件重心不稳等吊装隐患。

③ 吊装施工作业不规范，导致吊装PC结构构件时晃动严重及摆动幅度过大，增加了PC结构构件吊装时碰撞钢筋、伤人等的安全隐患。

④ PC结构构件堆放不规范，导致PC结构构件的倾覆、破坏，严重的可能会导致人员受伤。

⑤ 防护设施安装不规范，在装配式建筑中一般不使用外脚手架而采用工具式防护架、围挡，倘若架体安装刚度不足及架体间缺少连接措施，则易导致架体不稳，甚至物体、人员坠落。

3. 吊装就位阶段存在的安全风险

① 临时支撑体系不到位。PC结构构件需采用临时支撑拉结与原有体系进行连接，操作人员在支撑未安装到位前随意松解或加固易使斜撑滑动，导致构件的失稳或坠落。

② 吊装、安装不到位。吊装幅度过大，易导致挤压伤人。而当PC结构构件预埋接驳器内有垃圾或者预埋件保护不到位时，吊具受力螺栓无法充分拧入孔洞内从而导致螺栓部分受力，存在安全隐患。

③ 高空作业、临边防护不规范。

4. 拼缝、修补外饰阶段存在的安全风险。

① 在拼缝、修补外饰面的过程中，如果灌浆机的操作不当可能导致诸如浆料喷入操作者或其他人员眼睛里等事故的发生。

② 由于预制外墙板之间有拼缝，因此在装配式混凝土结构建筑中常会用吊篮对外墙面进行处理。吊篮作业的不规范会产生严重的安全后果。

（2）环境影响的安全因素

① 自然环境。在施工过程中，常会遇到一些不利于施工的天气，如大风、大雨、雷电等，需要有相应的应急预案。

② 施工现场环境。如现场布局不合理或者各类材料、机械等的乱堆放、对危险源的防护不到位等都是造成各类事故的安全隐患。

③ 安全氛围环境。不良的施工安全氛围会导致工地安全事故频发、工人安全意识淡薄。

在整个施工过程中形成一个良好的安全氛围是十分有必要的。通过各种宣传工作，把重视安全作为企业文化来推广。

在装配式混凝土结构建筑的施工中，除了编制完善的施工方案、按照规章制度施工外，新技术的应用也能起到很好的效果。推广装配式混凝土结构建筑的同时，相关部门也在大力推广BIM的应用，通过施工模拟、碰撞等各项BIM技术点的应用，可以很好地提前发现并消除装运、吊装就位等工作中的安全隐患。对施工方案进行优化，规范施工方法，实现施工技术与信息化技术的结合。

（3）模板与支撑

① 装配式结构的模板与支撑应根据施工过程中的各种工况进行设计，应具有足够的承载力、刚度，并应保证其整体稳定性。

② 模板与支撑安装应保证工程结构和构件各部分形状、尺寸和位置的准确，模板安装应牢固、严密、不漏浆，且应便于钢筋安装和混凝土浇筑、养护。

预制叠合板类构件应符合下列规定：

① 预制叠合板类构件水平模板安装时，可直接将叠合板作为水平模板使用，其下部可直接采取龙骨支撑，支撑间距应根据施工验算确定。叠合板与现浇部位的交接处，应增设一道竖向支撑，并按设计或规范要求起拱。

② 叠合类构件竖向支撑宜选用定型独立钢支柱，支撑点位置应靠近起吊点。

③ 叠合板类构件作为水平模板使用时，应避免集中堆载、机械振动。

④ 安装叠合板的现浇混凝土剪力墙，宜在墙模板上安装叠合板板底标高控制方钢，浇筑混凝土前按设计标高调整并固定位置。

预制叠合梁应符合下列规定：

① 预制叠合梁下部的竖向支撑可采取点式支撑，支撑间距应根据施工验算确定。叠合梁与现浇部位的交接处，应增设一道竖向支撑。

② 叠合梁竖向支撑应选用定型独立钢支柱。

③ 安装预制墙板、预制柱等竖向构件，应采用斜支撑的方式临时固定，斜支撑应为可调式。斜支撑位置应避免与模板支架、相邻支撑冲突。

（4）外防护架

装配式混凝土结构外防护架为新兴配套产品，充分体现了节能、降耗、环保、灵活等特点，在装配式混凝土结构建筑建造过程中，外防护架悬挂在外剪力墙上，主要解决结构平立面防护以及里面垂直方向简单的操作问题，为工人的施工提供安全保障。

1）悬挂式外防护架组装

悬挂式外防护架主要由三角架作架体制作而成，因此三角架应根据现场荷载和安全系数进行杆件和焊缝受力的设计计算，并应制作试件且通过现场荷载试验。悬挂式外防护架在使用前必须进行建筑物受力墙体的荷载验算，验算合格后方可投入使用。建议墙体混凝土强度不要低于10MPa。悬挂式外防护架的使用注意事项如下：

① 根据外挂架工作原理，墙柱混凝土必须达到一定强度方可进行提升（建议不低于10MPa）。

② 悬挂式外防护架与墙体的间距紧凑，不宜过大。

③ 外挂架挂设时，穿墙钩头螺栓内侧加设垫片，拧紧螺母后，再仔细检查一遍，确保安全。

④ 每副外挂架之间的间距，根据现场荷载情况计算确定，建议间距为1.5~1.8m，要考虑模板自重、操作人员荷载、架体自重和脚手板、护栏、零星材料等重量。

2) 组合操作平台组装

① 外挂架就位以后,紧固穿墙钩头螺栓螺母。两副和两副以上的外挂架按设计要求用脚手管件连成整体,其上铺设跳板,外侧加防护,组成组合操作平台。组合平台不宜过长,一般不大于6m。

② 使用中要严格控制组合平台上的荷载,同时在吊物、支模等过程中不应受到碰撞。

③ 外挂架在转角墙面处必须贯通,将转角处一侧挂架伸至结构外皮处,另一侧单体挂架大横杆外伸成悬挑结构与其接通。所有悬挑部位外伸长度不宜大于1.2m,并与悬挑部位加设斜拉杆,增强外伸部位刚度。贯通后的转角墙面两侧组合平台需用临时性连接杆件拉结为整体,且全部外露部位均以密目安全网包裹严密。保证外架整体的封闭性。

④ 对于外墙洞口水平尺寸大于1.8m的,两副外挂架体间距须适当缩小,且两副外挂架之间增加横杆连接,以保证外挂架的安全稳定。

3) 组合操作平台提升

① 提升前解开组合操作平台间的接缝板、立网等连接物,架子工挂好挂钩并离开平台后,方可发信号进行调运。

② 塔式起重机起吊时,先微量起吊,平衡架体自重,卸除穿墙螺栓上的架体荷载,然后再松动穿墙螺栓的螺母,向外稍微推出,并认真检查穿墙螺栓的螺母是否全部松动,确认后方可起吊。

③ 起吊过程中吊钩垂直、平稳、缓慢起吊,另在架体两侧上、下共系四道保持组合架体平衡的揽风绳,起吊过程中,操作人员站在楼板上拽揽风绳协调组合架体平衡,并辅助塔式起重机将组合架体挂到拟就位的穿墙螺栓上。过程中不得碰撞结构和其他相邻组合操作平台。

④ 组合架体就位前穿墙螺栓必须装齐,每根穿墙螺栓配一块垫片两个螺母。架体就位后,立即紧固螺母,螺母全部紧固后再摘塔式起重机吊钩。组合架体使用前再认真检查架体内连接杆件是否松动,并用短钢管将相邻的两段架体连接成整体。

从下层组合架体穿墙螺栓的螺母松动开始至上层穿墙螺栓的螺母紧固完毕,整个架体提升过程中,架体上的操作人员必须系安全带,安全带必须与工程结构(如剪力墙钢筋)系牢。

4) 悬挂式外防护架体系拆除

① 待结构全部施工完毕后,拆除所有外挂架。

② 先将外挂架组合操作平台吊至地面,再在地面上拆除各个构件,清理后分类码放整齐。

5) 水平安全网的搭设

在二层设置第一道水平安全网,安全网设置两层,两层中间间隔40cm,网宽6m,以上每隔四层分别设一道水平安全网,采用单层网,网宽3m,与结构拉结的部位用钢丝绳通过穿墙孔固定,外侧用架子管斜挑。水平安全网要外高内低,倾斜角度为10°~30°。

附录

装配式建筑实训操作图纸

附录　装配式建筑实训操作图纸

图纸目录				
建设单位				
工程号		工程名称	装配式建筑实训模型	
序号	编号	图纸名称	图纸尺寸	备注
1	结施01	结构平面布置图	A3	
2	结施02	立面图	A3	
3	结施03	YWQ1详图	A3	
4	结施04	YWQ2详图	A3	
5	结施05	YWQ3、YWQ4详图	A3	
6	结施06	YNQ1详图	A3	
7	结施07	YNQ2详图	A3	
8	结施08	外挂墙板详图	A3	
9	结施09	预制柱详图	A3	
10	结施10	叠合梁详图	A3	
11	结施11	叠合板详图	A3	
12	结施12	预制楼梯详图	A3	

工程负责人：　　　　　　　　　　　　工种负责人：

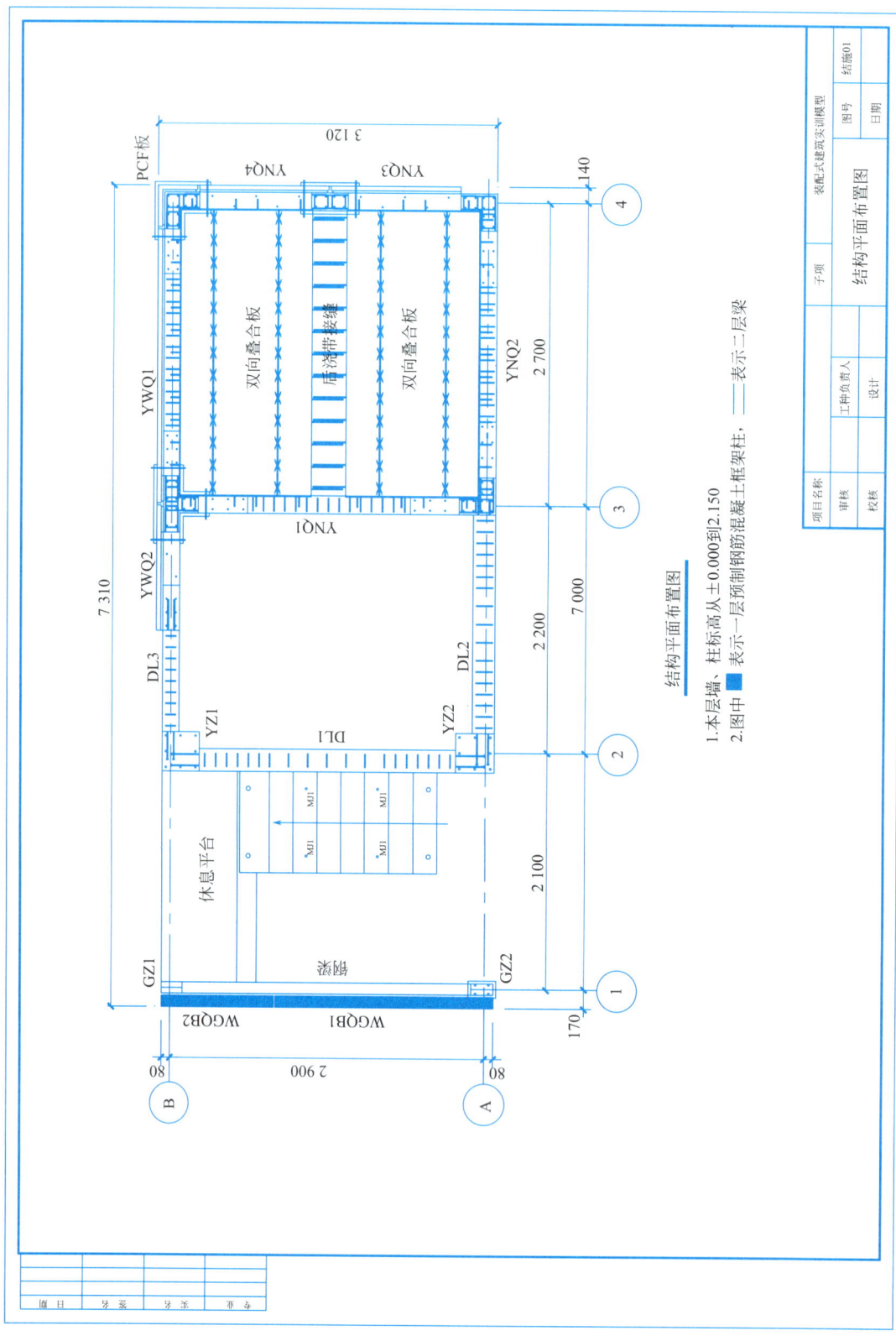

附录 装配式建筑实训操作图纸

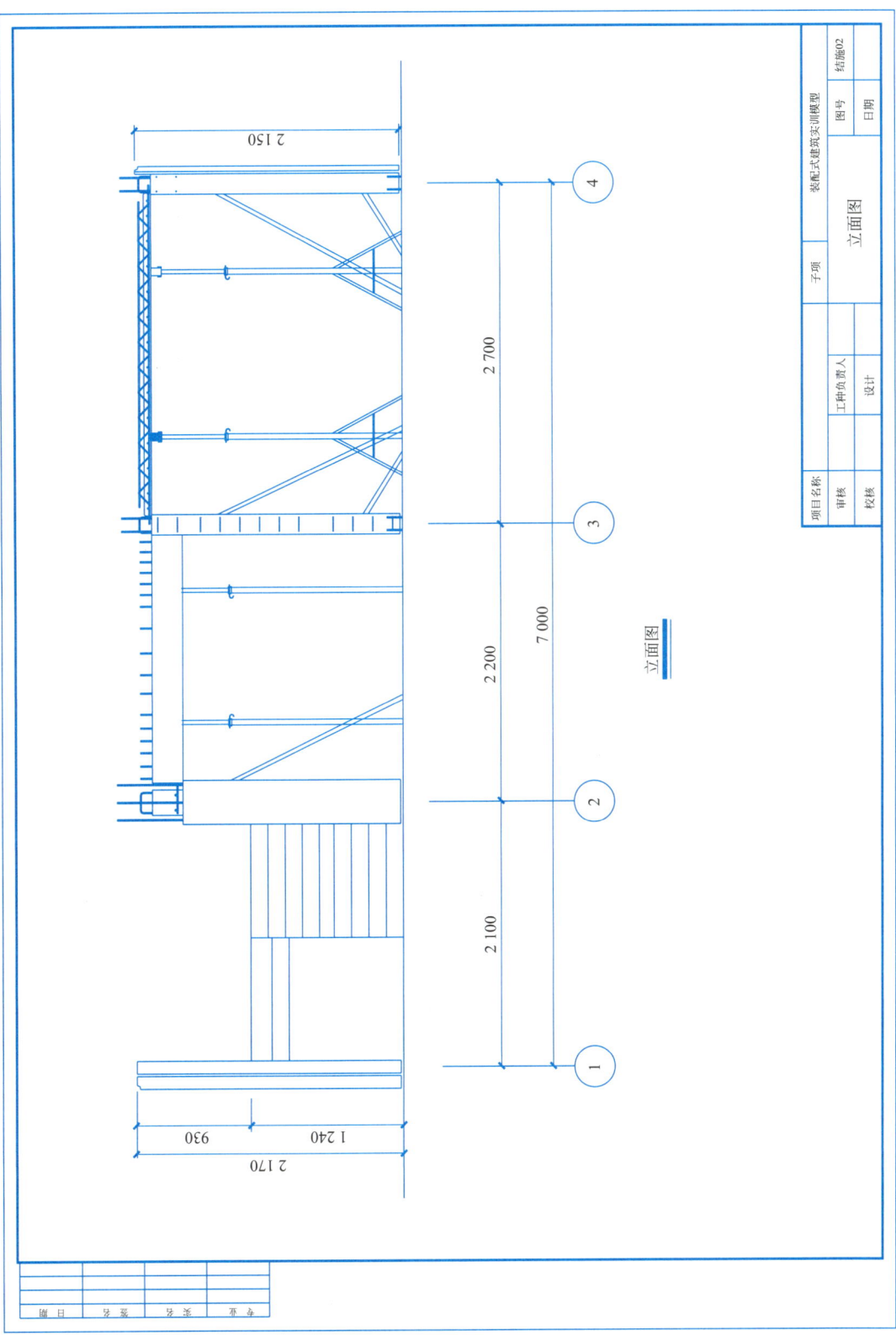

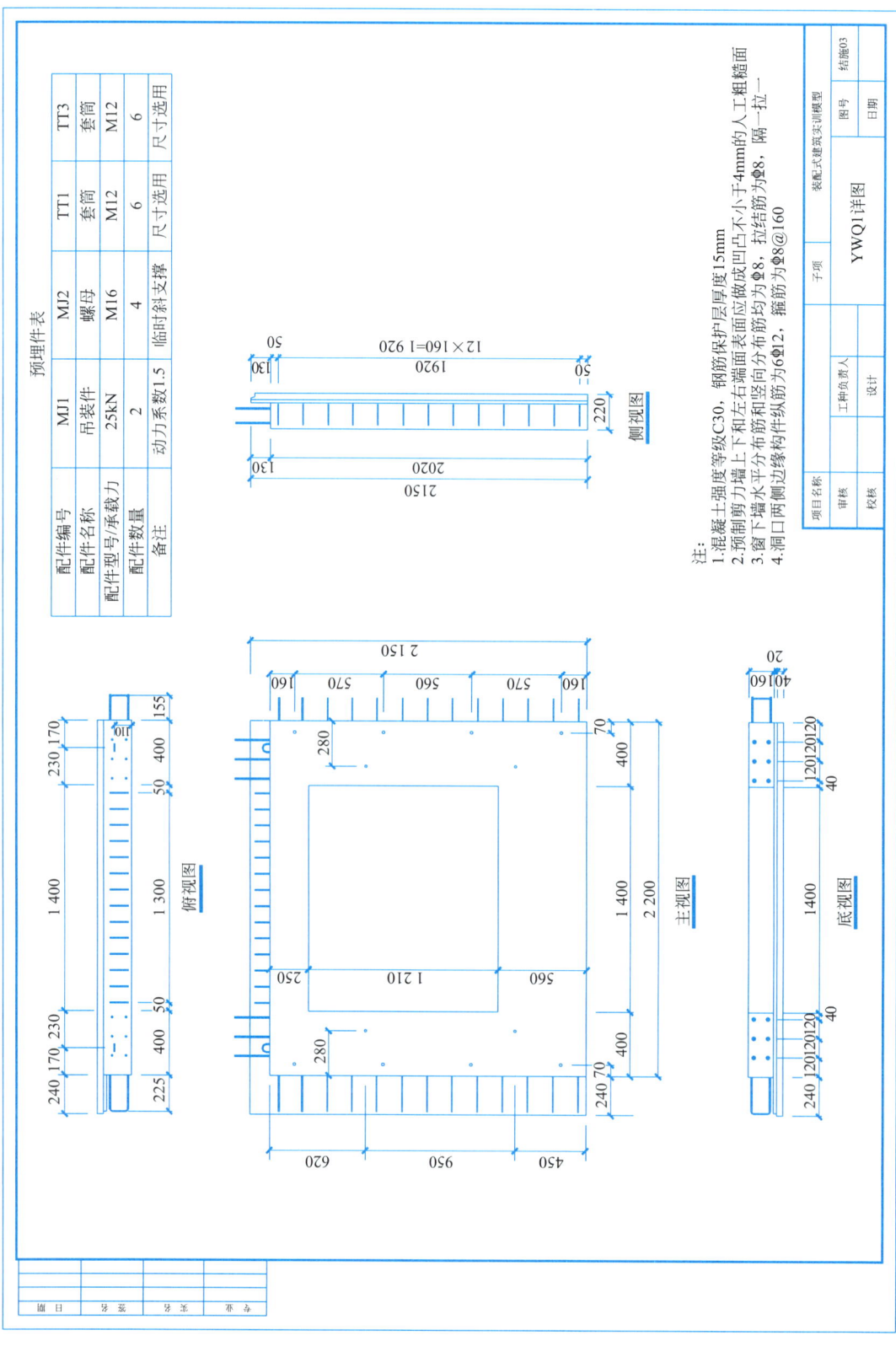

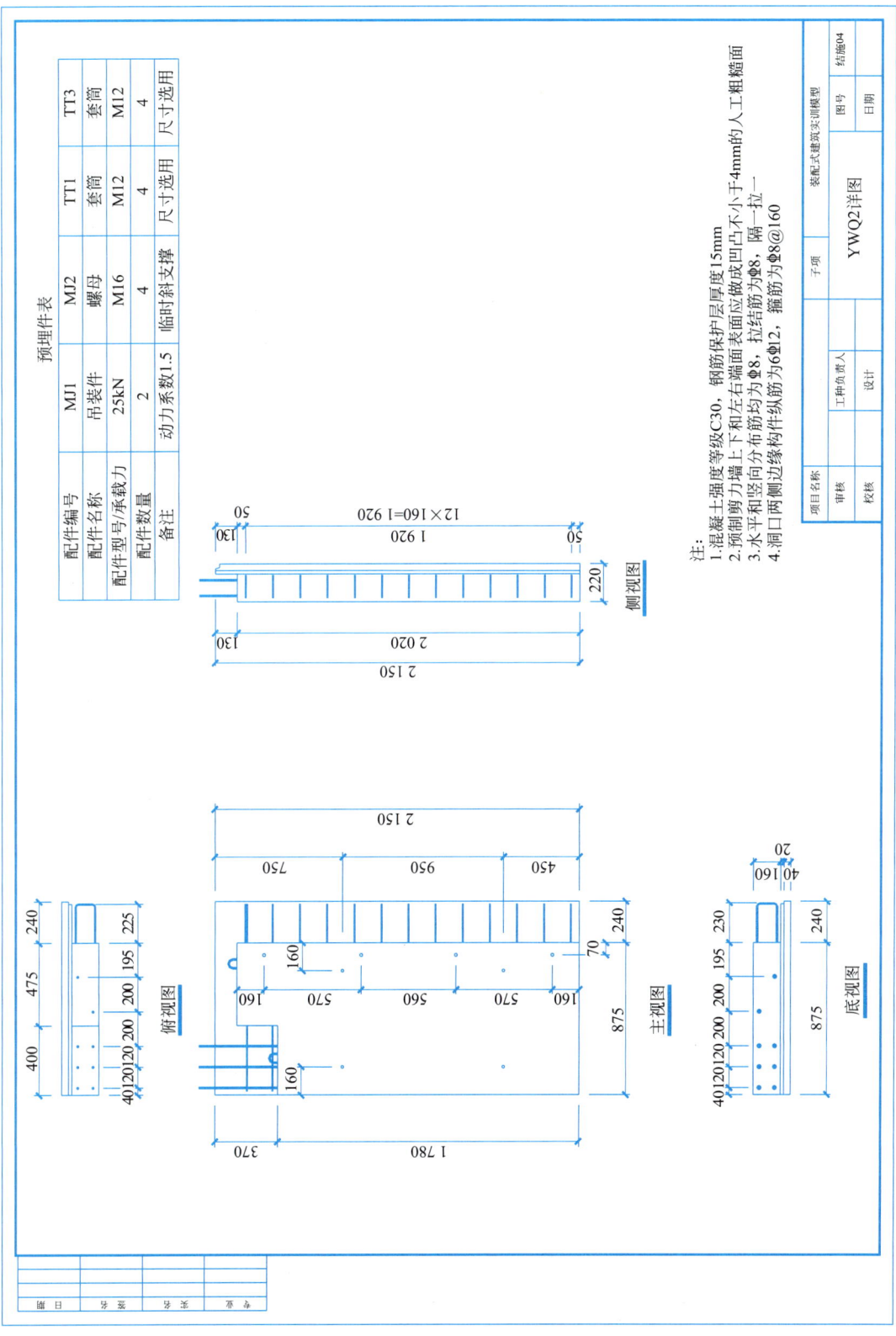

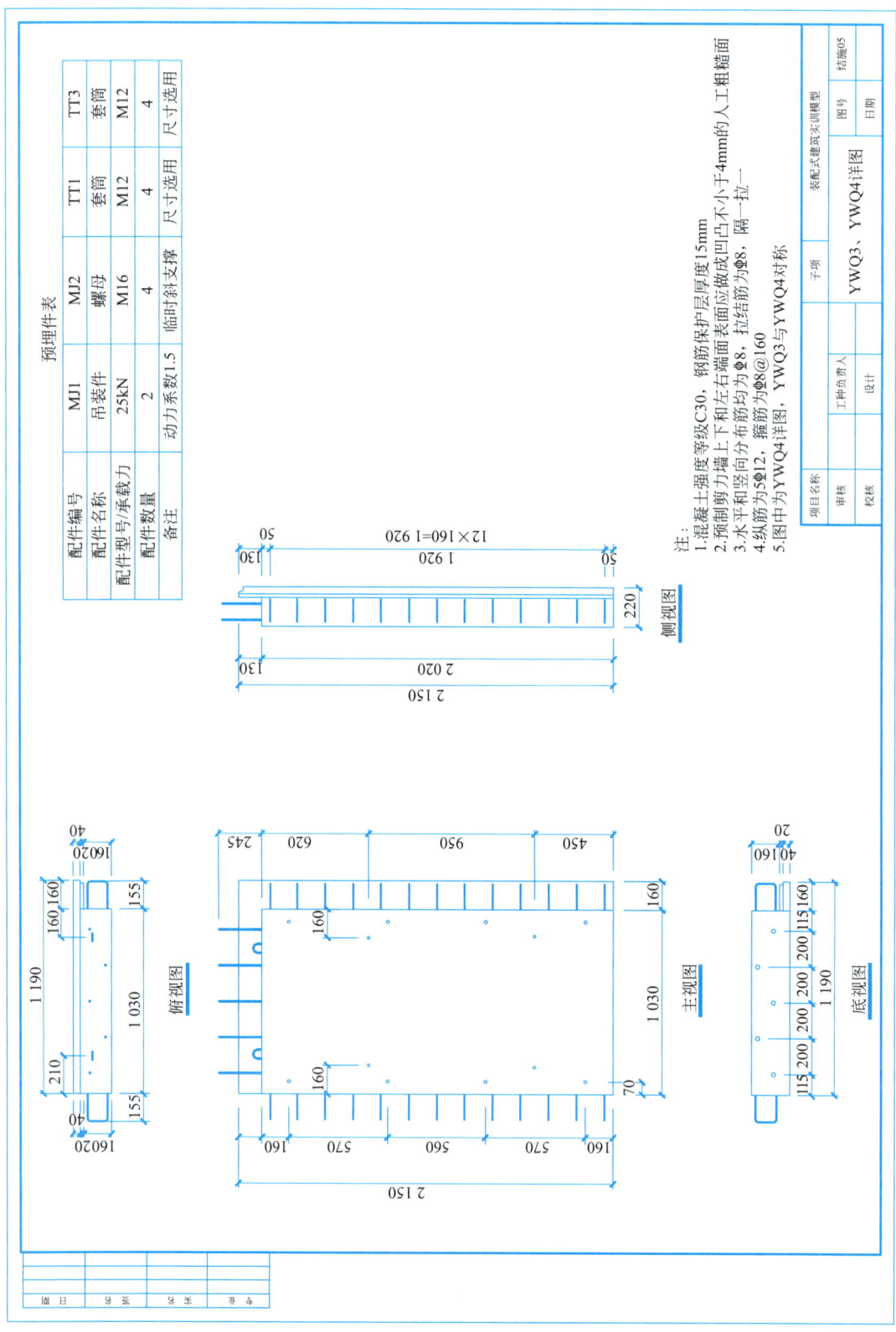

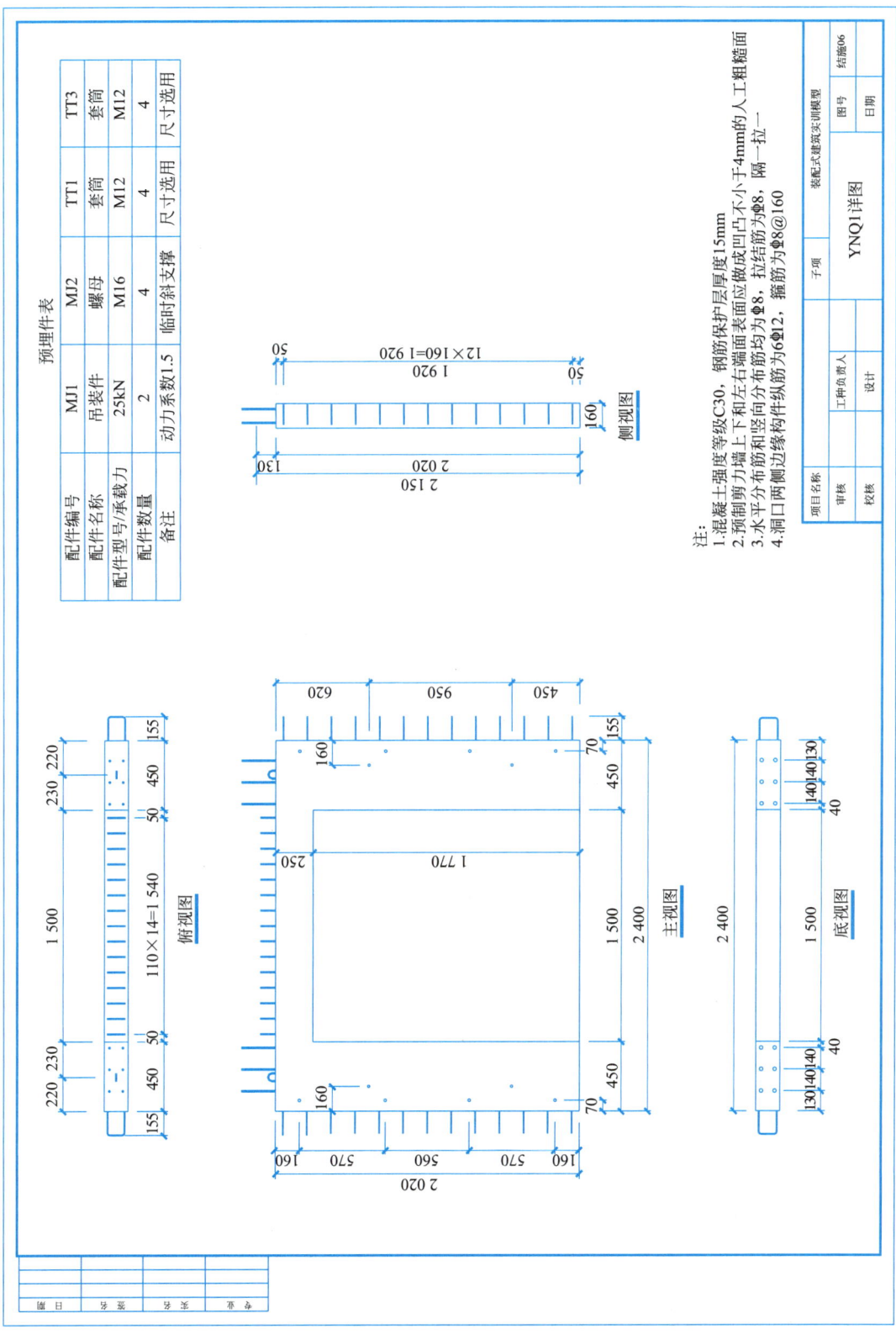

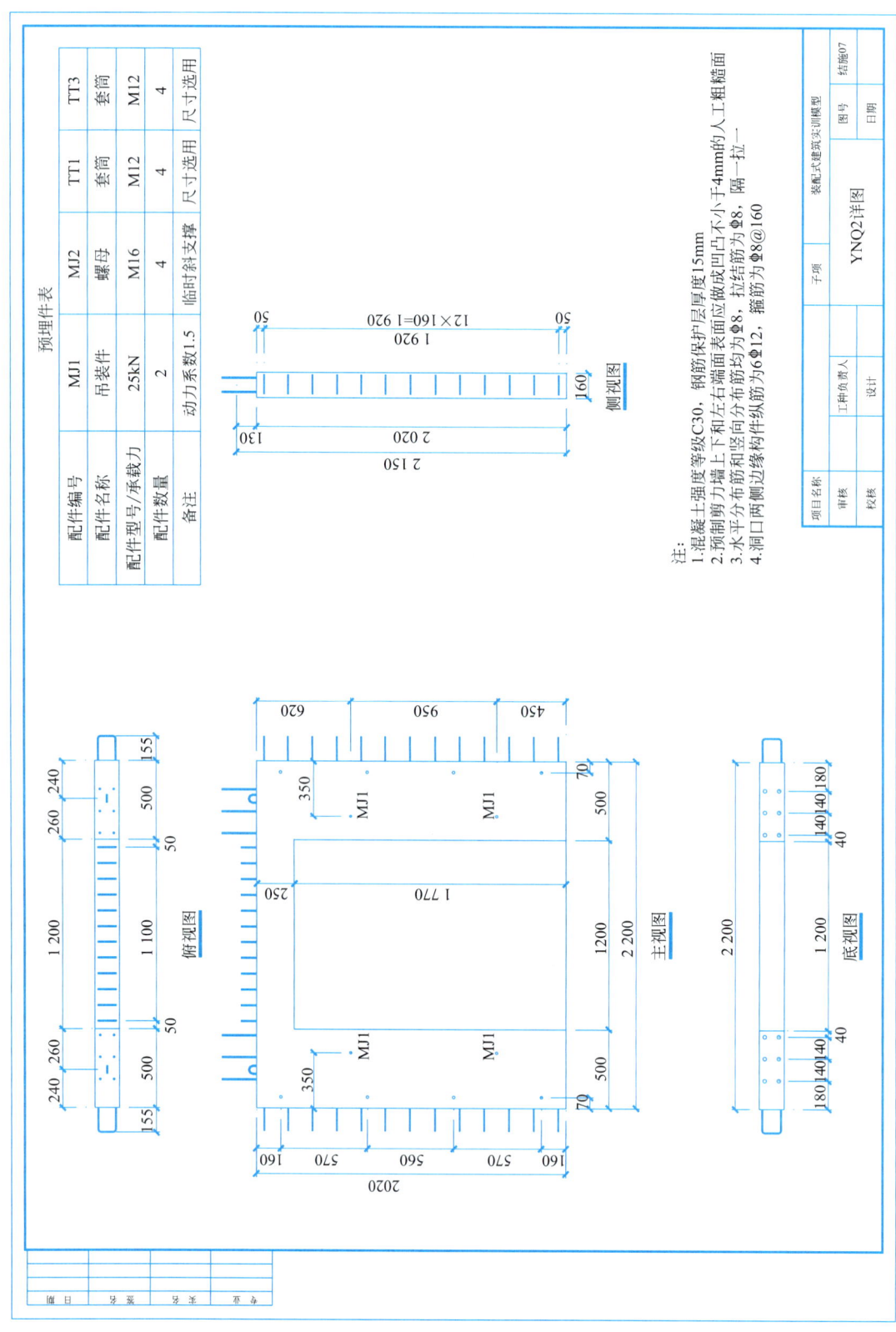

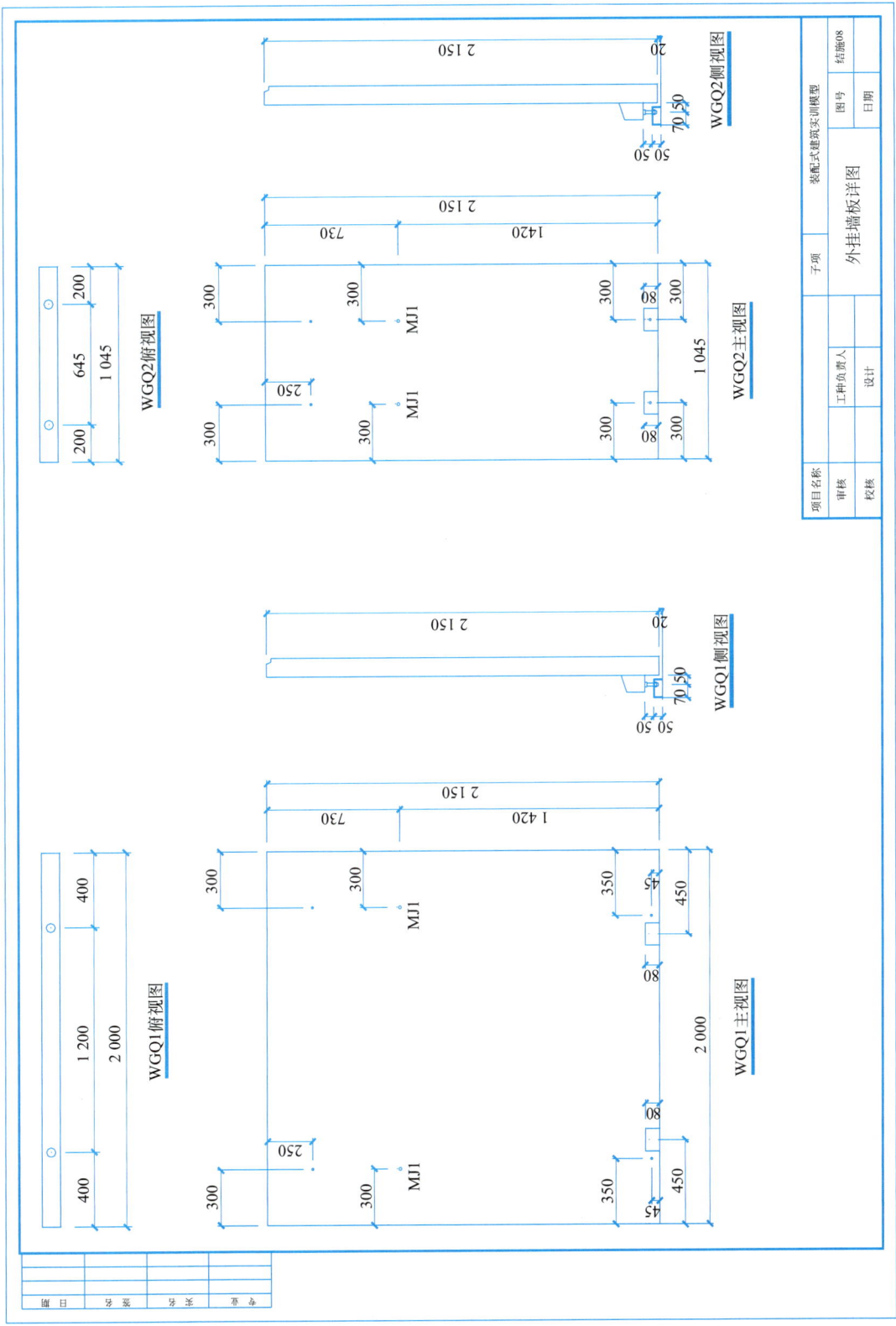

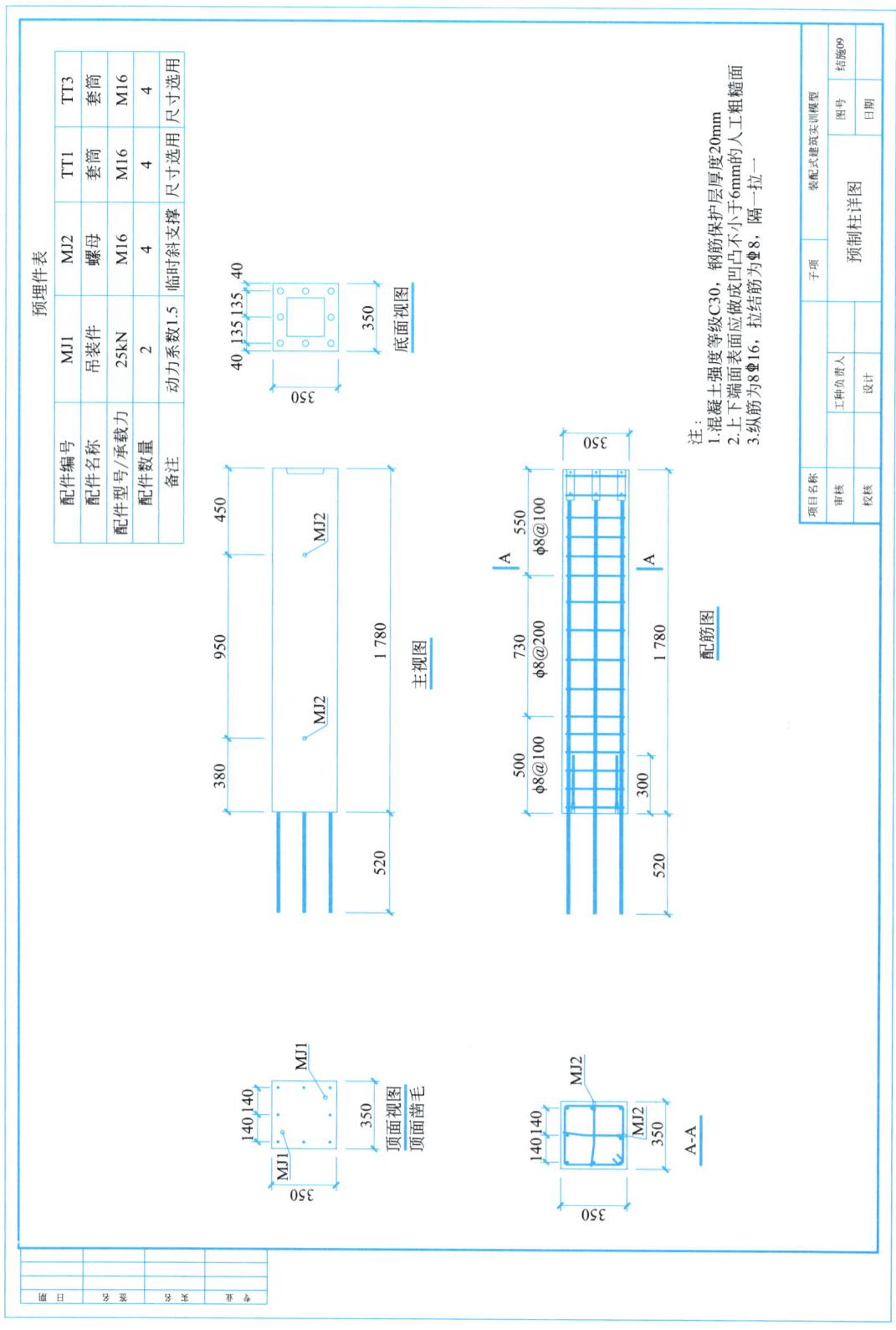

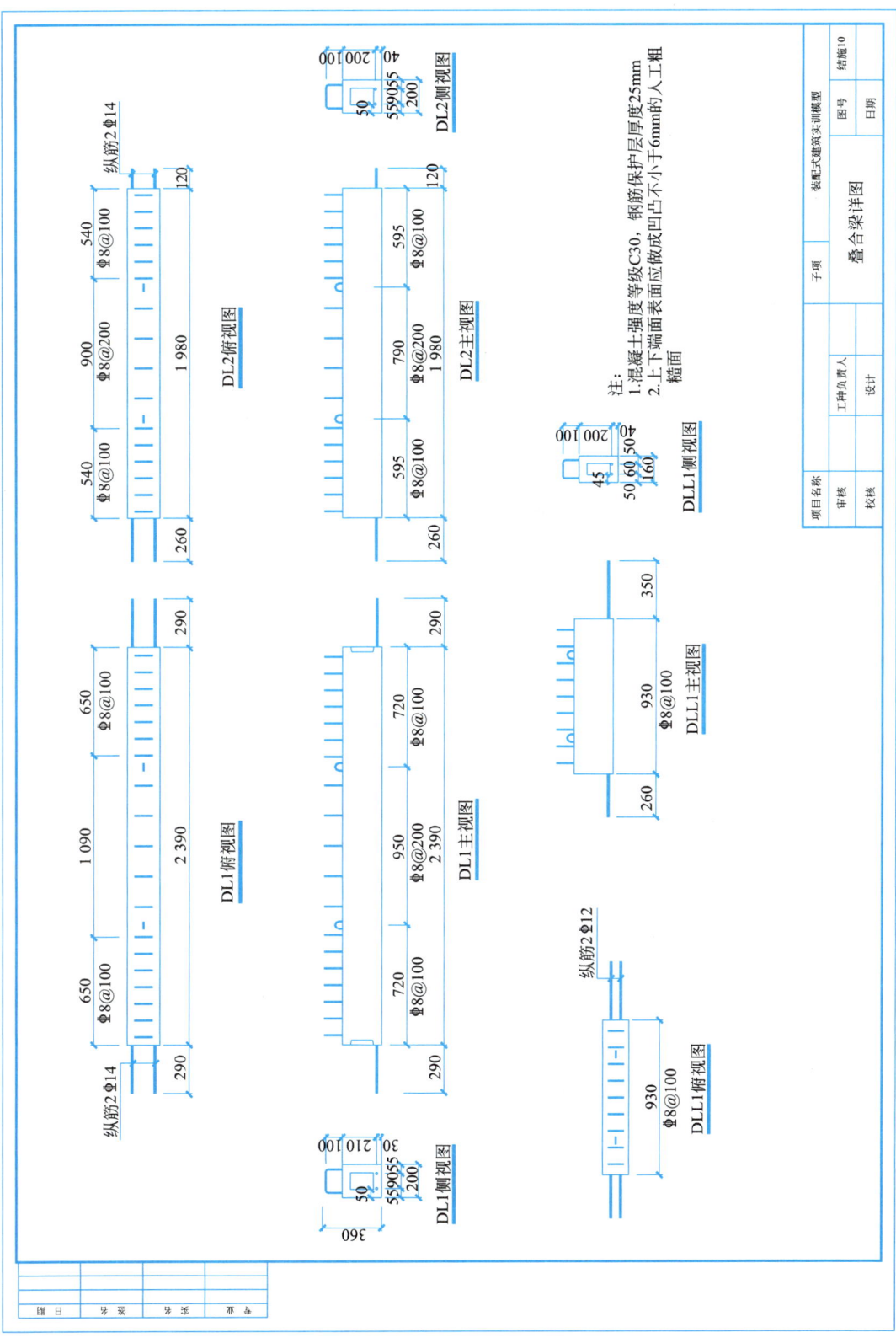

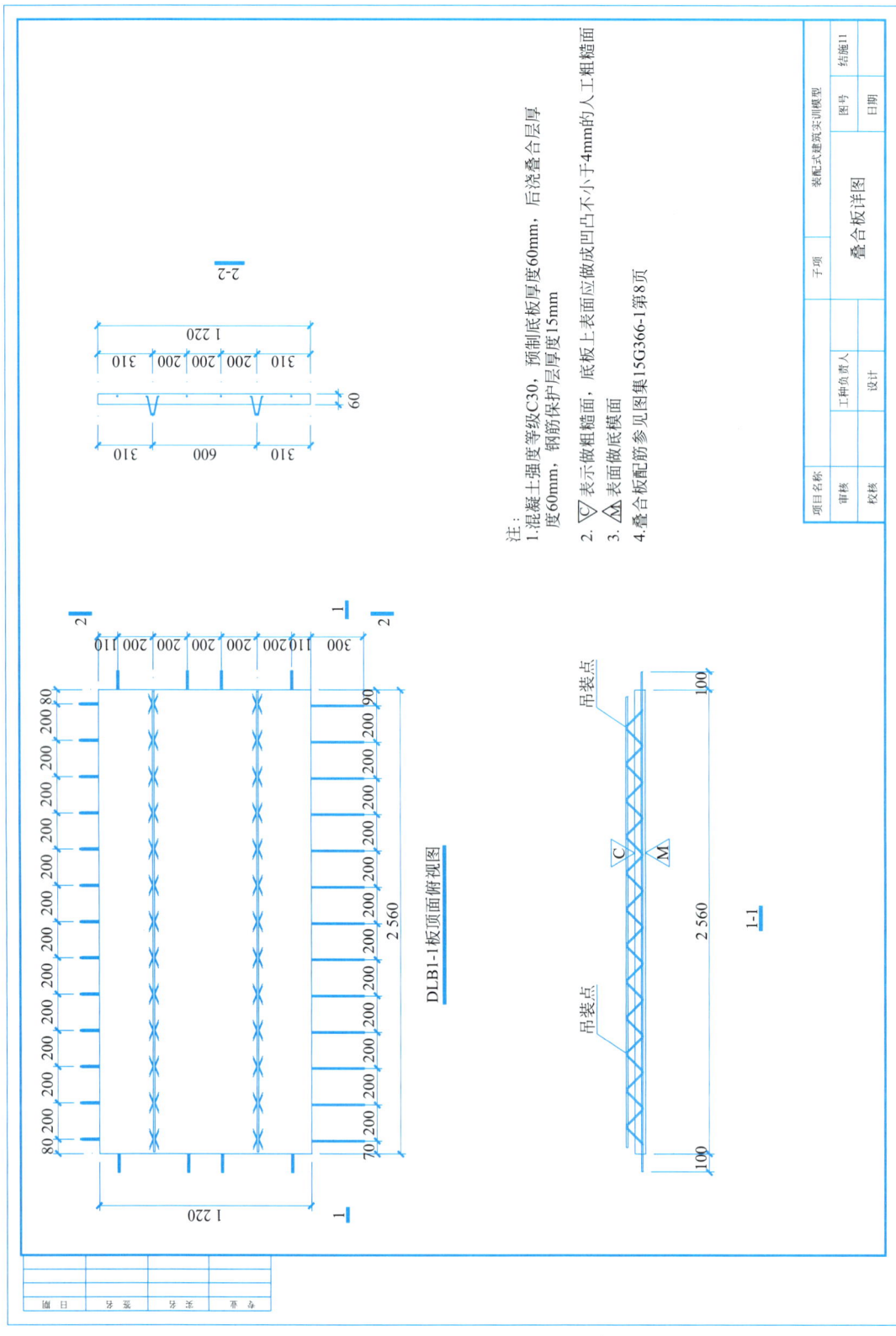

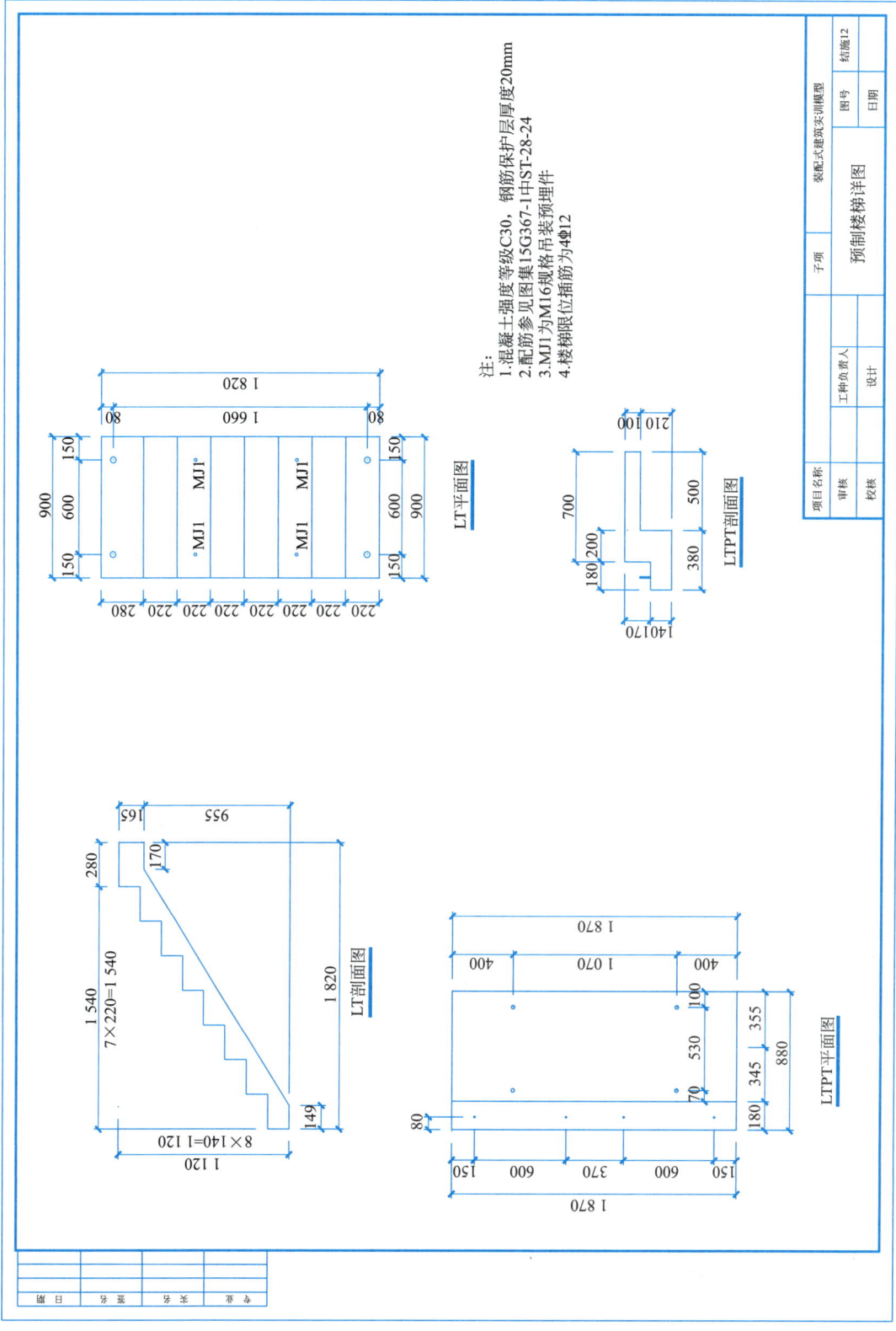

附件一 装配式结构预制构件检验批质量验收记录表

单位（子单位）工程名称		分部（子分部）工程名称		主体结构-混凝土结构	分项工程名称		装配式结构
施工单位		项目负责人			检验批容量		
构件生产单位		分包单位项目负责人			检验批部位		
施工依据				验收依据			

		验收项目	设计要求及规范规定	最小/实际抽样数量	检查记录		检查结果
主控项目	1	预制构件质量应符合设计要求和有关标准的规定		—			
	2	预制构件结构性能检验/实体检验满足要求		—			
	3	预制构件的外观质量不应有严重缺陷，且不应有影响结构性能和安装、使用功能的尺寸偏差		—			
	4	预制构件上的预埋件、预留钢筋、预留管线和预留孔洞的规格和数量应符合设计要求		—			
	5	预制构件表面预贴面砖、石材等饰面与混凝土的粘结性能应符合设计和有关标准的规定		—			

续表

序号	验收项目		设计要求及规范规定	最小/实际抽样数量	检查记录	检查结果
一般项目 1	预制构件应在表面标明生产单位、生产日期、构件规格、编号、重量和质量验收标志等标识					
2	预制构件的外观质量不宜有一般缺陷			—		
3	预制构件的粗糙面和键槽应符合设计要求			—		
4	预制构件表面饰面外观质量应符合设计及有关标准的规定			—		
5	长度(mm)	楼板、梁、柱、桁架	<12m	±5	—	
			≥12m 且 <18m	±10		
			≥18m	±20		
		墙板		±4		
6	楼板、梁、柱、桁架宽度、高(厚)度(mm)			±5	—	
	墙板宽度、高(厚)度(mm)			±4	—	
7	表面平整度	楼板、梁、柱、墙板内表面		5	—	
		墙板外表面		3	—	

续表

	验收项目		设计要求及规范规定	最小/实际抽样数量	检查记录	检查结果
一般项目	8	侧向弯曲(mm)	梁、柱、板	1/750 且 ≤20	—		
			墙板、桁架	1/1 000 且 ≤20	—		
	9	翘曲	楼板	1/750	—		
			墙板	1/1 000	—		
	10	对角线	楼板	10	—		
			墙板	5	—		
	11	预留孔	中心线位置	10	—		
			洞口尺寸、深度	±10	—		
	12	预留洞	中心线位置	±10	—		
			洞口尺寸、深度	10	—		
	13	预埋件	预埋板中心线位置	5	—		
			预埋板与混凝土面平面高差	0, −5	—		
			预埋螺栓	2	—		
			预埋螺栓外露长度	+10, −5	—		

续表

		验收项目	设计要求及规范规定	最小/实际抽样数量	检查记录	检查结果
一般项目	13	预埋件 预埋套筒、螺母中心线位置	2	—		
		预埋套筒、螺母与混凝土平面高差	±5	—		
	14	预留插筋 中心线位置	5	—		
		外露长度	+10, −5	—		
	15	键槽 中心线位置	5	—		
		长度、宽度	±5	—		
		深度	±10	—		
	16	预制构件粗糙面质量及键槽数量	第9.2.8条	—		

施工单位检查结果	专业工长: 项目专业质量检查员: 年 月 日
监理单位验收结论	专业监理工程师: 年 月 日

215

附件二 预制构件安装与连接检验批质量验收记录表

单位（子单位）工程名称		分部（子分部）工程名称		分项工程名称	
施工单位		项目负责人		检验批容量	
构件生产单位		分包单位项目负责人		检验批部位	
施工依据			验收依据		
验收项目		设计要求及规范规定		最小/实际抽样数量	检查记录	检查结果

		验收项目	设计要求及规范规定	最小/实际抽样数量	检查记录	检查结果
主控项目	1		预制构件安装就位后，主要传力部位的连接钢筋或其他连接件不应出现影响结构性能和构件安装施工的尺寸偏差	—		
	2		钢筋套筒灌浆连接及浆锚搭接连接的灌浆应密实饱满，所有出口均应出浆	—		
	3		钢筋套筒灌浆连接及浆锚搭接连接用的灌浆料强度应符合国家现行有关标准的规定及设计要求			

续表

验收项目		设计要求及规范规定	最小/实际抽样数量	检查记录	检查结果
主控项目	4	钢筋套筒灌浆连接及浆锚搭接连接的连接质量应符合设计要求和国家现行有关标准的规定及设计要求	—		
	5	预制构件底部接缝坐浆,灌浆强度,钢企口连接接缝灌浆强度应满足设计要求			
	6	连接处钢筋采用焊接或机械连接时,接头质量应符合国家现行标准的规定			
	7	预制构件采用型钢焊接,螺栓连接等连接方式时,其材料性能及施工质量应符合设计要求和有关标准的规定			
	8	吊装上一层构件时承受内力的现浇混凝土接头和拼缝混凝土强度应符合设计要求和本标准规定			
一般项目	1	套筒外观不得有裂缝、过烧及氧化皮	—		
	2	密封胶应横平竖直,深浅一致,宽窄均匀,光滑顺直	—		
	3	预制构件焊接头的焊缝外观质量应符合国家现行标准的相关规定	—		

217

续表

项目			允许偏差（mm）	最小/实际抽样数量	检查记录	检查结果
一般项目	4	轴线位置	基础	15			
			竖向构件（柱、墙、桁架）	8			
			水平构件（梁、板）	5			
		构件垂直度	梁、柱、板底或顶面	±5			
			柱、墙 ≤6m	5			
			柱、墙 >6m	10			
		构件倾斜度	梁、桁架	5			
		相邻构件平整度	板端面	5			
			梁、板底面 外露	3			
			梁、板底面 不外露	5			
			梁、墙侧面 外露	5			
			梁、墙侧面 不外露	8			

续表

		项目	允许偏差（mm）	最小/实际抽样数量	检查记录	检查结果
一般项目	4	构件搁置长度 梁、板	±10			
		支座、支垫中心位置 板、梁、柱、墙、桁架	10			
		墙板接缝 宽度	±5			

施工单位检查评定结果	专业工长： 项目专业质量检测员： 年 月 日
监理（建设）单位检查评定结果	监理工程师（建设单位项目专业技术负责人）： 年 月 日

附件三 构件装配班组岗位分工表

岗位名称	主要职责	具体任务	备注
班组长	负责整个班组的管理和协调工作	• 负责整个班组的管理和协调工作，确保工程进度和质量。 • 制订和执行工作计划，分配工作任务。 • 监督和检查班组成员的工作质量和安全操作。 • 解决现场问题，协调与其他班组的合作	
安全员	负责工地的安全监督工作	• 负责现场安全管理工作，确保施工过程符合安全规定。 • 检查施工现场的安全设施和设备，确保其完好有效。 • 提醒和监督班组成员遵守安全操作规程，防止事故发生	
质量检查员	负责装配工作的质量检查和控制	• 负责监督和检查施工质量，确保工程质量符合标准。 • 检查预制构件的尺寸、形状、表面质量等，确保其符合设计要求。 • 记录和报告质量问题，提出改进措施	

续表

岗位名称	主要职责	具体任务	备注
安装员	负责实际的构件装配工作	• 负责预制构件的安装工作,包括吊装、定位、固定等。 • 根据图纸和施工要求,按照正确的顺序和方法进行安装。 • 确保安装过程中的质量,避免损坏构件	根据项目需求设定人数,通常每个构件安排2人,各自负责构件一侧
挂钩员	负责预制构件吊装	• 负责吊装和安装预制构件,确保构件正确安装到位。 • 操作吊装设备,如起重机、吊钩等。 • 确保吊装过程中的安全操作,遵守相关规定	

附件四 灌浆质量检验记录表

工程名称			检验员	生产单位检验记录
生产班组				
检查项目	质量检验标准的规定			
灌浆质量	灌浆料静置2min后，无气泡排除			
	灌浆料的初始流动度≥300mm			
	灌浆是否饱满			
	正确使用工具（灌浆泵、小盆、电子秤），将浆料排入小盆，称量剩余灌浆料。一般灌浆料剩余量≤2kg			
工完料清	设备清理是否干净			

222

参考文献

[1] 张永强,文畅. 装配式建筑构件生产[M]. 北京:清华大学出版社,2022.
[2] 文畅,张永强. 装配式建筑施工[M]. 北京:清华大学出版社,2022.
[3] 尹素花,吴艳丽,董中奇. 装配式建筑施工[M]. 北京:化学工业出版社,2022.
[4] 王鑫,赵腾飞. 装配式混凝土结构施工技术与管理[M]. 北京:机械工业出版社,2020.
[5] 王茹. 装配式建筑施工与管理[M]. 北京:机械工业出版社,2020.
[6] 侯新宇,姜国庆. 装配式混凝土建筑施工[M]. 北京:清华大学出版社,2023.
[7] 陈光圆. 装配式混凝土建筑构件生产与施工[M]. 武汉:华中科技大学出版社,2023.
[8] 王成平,张丹. 装配式混凝土工程施工[M]. 北京:机械工业出版社,2023.
[9] 应惠清,肖明和. 装配式建筑构件制作与安装(初级)[M]. 北京:高等教育出版社,2023.